山东区域药用植物资源研究（中兽药篇）

◎ 唐启和　等　著

中国农业科学技术出版社

图书在版编目（CIP）数据

山东区域药用植物资源研究. 中兽药篇／唐启和等著. —北京：中国农业
科学技术出版社，2020.5

ISBN 978-7-5116-4065-9

Ⅰ.①山… Ⅱ.①唐… Ⅲ.①药用植物–植物资源–研究–山东②中兽医学–
药用植物–植物资源–研究–山东 Ⅳ.①S567.019.252

中国版本图书馆 CIP 数据核字（2020）第 070935 号

责任编辑　白姗姗
责任校对　贾海霞

出 版 者　中国农业科学技术出版社
　　　　　北京市中关村南大街 12 号　邮编：100081
电　　话　（010）82106638（编辑室）　（010）82109702（发行部）
　　　　　（010）82109709（读者服务部）
传　　真　（010）82106650
网　　址　http://www.castp.cn
经 销 者　各地新华书店
印 刷 者　北京建宏印刷有限公司
开　　本　787mm×1 092mm　1/16
印　　张　16.25　彩插　32 面
字　　数　320 千字
版　　次　2020 年 5 月第 1 版　2020 年 5 月第 1 次印刷
定　　价　98.00 元

《山东区域药用植物资源研究（中兽药篇）》
著者名单

唐启和　郝智慧　王春元　杨芬芳

姚　刚　王金泉　赵红琼　夏利宁

第一作者简介

唐启和，主要从事植物种质资源引种驯化、药用植物资源及应用等研究，先后参与山东省农业良种工程、山东省林木种质资源中心、山东省科技厅等多个研究项目，获得山东省科技进步奖、青岛市科技进步奖等各级奖励4项，参与制定地方标准2项，在国内外期刊上发表论文20余篇，申请、授权专利4项。

前　　言

　　药用植物是指植物界中具有防治疾病和保健作用的植物，是国宝中药的主要资源。数十年来，山东省数所高校和中药科技工作者对山东药用植物开展了大量的研究工作，取得了许多科研成果，但迄今能够全面反映山东药用植物资源现状的专著还不多，尤其是随着当前畜牧健康养殖、动物性食品安全的需要，植物药发挥着越来越重要的作用，而山东是畜牧养殖大省，却缺乏专门的有关山东区域中兽药植物资源的著作。

　　近年来，我们开展了山东省区域药用植物资源的调查工作，主持完成了"动物用紫锥菊/牛至原药材及其制剂工程化开发与应用示范""动物专用天然植物药生产关键技术开发与产业化""山东省现代农业产业技术体系中草药产业创新""中兽药生产关键技术研究与应用""紫锥菊引种优质丰产栽培技术与深加工产品开发"等十余项重点科研课题，并对常用的重要药用植物资源进行专项研究，成功引种了紫锥菊药材，取得了许多开创性成果。在此基础上，总结前人经验，吸取最新科研成果，去伪存真，编写了《山东区域药用植物资源研究（中兽药篇）》。

　　本书聚焦于山东区域药用植物资源及其利用，侧重介绍在中兽医药资源方面的应用，主要包含山东药用植物资源调查、山东中兽医药资源利用情况调查、山东传统兽用药用植物（黄芩、桔梗、板蓝根）质量研究、山东兽用药用植物紫锥菊引种栽培和药材标准化研究四部分内容。第一章介绍了山东区域中草药资源现状和兽用常用药材的调研、不同地区野生和人工栽培的中药材产业现状，阐述了研究团队对未来该地区中草药产业发展建议。第二章介绍了对山东地区传统中兽医药的资源和利用现状的调查分析，对有关中兽医药古籍、现代文献、中兽药信息资源等的相关信息与实物的搜集、收集和汇总，对具有较高价值的中兽医药资源，利用现代信息技术、种质资源保护技术等，开展相关中兽医药资源的汇编、标本制作等抢救与整理工作，为进一步开展全国中兽医药资源数据库与信息共享平台建设提供基础数据背景。到目前为止，共整理出经验方15个；收集中兽医药资源信息105条，制作和整理山东道地中兽药标本15种。第三章阐述了对中兽药制剂最常用的山东道地药材黄芩、桔梗和产地药材板蓝根质量的调研，为该类药材的深度开发与应用提供数据。第四章对在山东引种成功的兽用药材紫锥菊的采收加工和药材的性状、化学成分与结构、指纹图谱、药材质量以及药材活性成分的研究进展等进行了系统介绍。

本书是中药资源学专著，是研究团队十余年科研成果的总结和精品展现，是山东中药资源研究尤其是中兽药研究领域的代表作。本书可以作为从事畜牧业生产、医药卫生、药用植物资源生态保护和开发应用等工作者的重要参考书，为中药资源更好的综合利用提供借鉴。

由于编者水平及工作条件有限，不足之处在所难免，敬请读者批评指正。

《山东区域药用植物资源研究（中兽药篇）》编委会

2020 年 1 月 30 日于济南

目　　录

第一章　山东药用植物资源调查

围绕山东省中药资源的优势、特色中草药产业的需求，我们对山东省各区中草药产业现状和发展趋势进行了调研，以期为建立中兽医药资源基础数据库提供基础数据背景。现将工作总结汇报如下。

第一节　山东省中草药资源概况

山东省是中国北药产区［河北、山东、山西和内蒙古自治区（全书简称内蒙古）中部和东部等地区］中的重要产地，有中药资源约 1 500 种，在全国中药资源种类的比重超过 1/10，其中，包括植物类资源近 1 300 种（藻类 43 种，菌类 32 种，地衣植物 2 种，苔藓植物 3 种，蕨类植物 73 种，种子植物 1 146 种），有产地植物类药材 350 余种，总产量也位居全国前列。山东省道地药材种类超过 60 种，其中，许多药材驰名中外，常见的有海带科的昆布、石竹科的太子参、唇形科的丹参及黄芩、毛茛科的白芍及白头翁等。全省中药材种植品种 70 余个，其中有 20 个以上已实现规模化种植，忍冬科的金银花、五加科的西洋参、毛茛科的丹皮、唇形科的丹参及黄芩等道地药材的产量在国内位于前列，其质量在全国范围内也得到广泛认可。目前，中药材的种植面积呈现出日益增大的趋势，合理的区域化布局也在进行中，种植区域由 21 世纪前形成的包括沂蒙山区、文登、菏泽在内的几个传统药材产区，逐步扩展至全省各市。文登西洋参、菏泽丹皮、平邑金银花、郯城银杏叶、莒县黄芩等，当地的种植面积分别占全省同品种种植面积的 95%、85%、75%、70%、60%。随着中药材种植产业的不断发展，目前其已逐步成为促进农业发展的优势特色产业，成为山东省许多地区促进农民增收的主要途径之一。山东省中药材种植养殖产业逐步发展，规模化程度也在不断提高。目前，全省药材年种植面积约 150 万亩*，带来约 110 亿元/年的产值。统计显示，省内 100 余种中

---

* 1 亩≈667m²，1hm² = 15 亩。全书同

药材已达到一定生产（采集）规模，同时 200 余种药材具备规模化开发潜力。

如今，山东省成型特色的中药材生产区域，扩展至各市，具有规模优势的集中化种植（养殖）的区域主要有菏泽、泰安、临沂、淄博、潍坊、莱芜、威海、济南等几个市的 30 多个县（市、区）。"十一五"以来，药材种植（养殖）基地也向现代化及规范化方向发展，获批建设的中药现代化科技产业示范县（基地）有 10 个，同时多达 30 余处的规范化中药材种植基地正在建设之中，20 多种药材的规范化生产也在研究中。当下，山东省成为国内重要的中药材生产及出口基地之一，与国内诸多药企建立了合作关系，中药材产业已成为一些地方的支柱产业或特色产业。如平邑金银花，博山桔梗，莱芜、沂源、临朐等地的丹参，文登西洋参，曹州丹皮，沂州木瓜，平阴瓜楼，东阿阿胶等，在国内都受到广泛的认可，获得颇高的声誉。其中金银花、桔梗和丹参已通过 GAP 认证，中药材的绿色、有机、无公害认证也在快速发展之中。

中药材的教育及研究也在不断地发展，教育科研力量正不断地增强。目前，山东省内开设中药类专业的有 6 所高等院校和技师院校，开设中药资源或中药材专业的有 3 所院校，设有中药材博士点的有 3 所高校。从事中药材研发的高校和研究院（所）多达 20 余个，研究内容包括药材选种育种、规范化种植、药材加工等方面，设有的研究中心有山东省中药材良种选育工程技术研究中心、山东省中药材规范化种植工程技术研究中心、山东省中药材产地加工工程技术研究中心和山东省阿胶工程技术研究中心等。山东农业科学院成立了药用植物研究所，2015 年以来已形成以王志芬研究员为首席专家的中药材生产的创新团队，开展大量的资源与生产方面的创新性研究，为中药材生产的健康可持续发展提供了有力支撑。全省已有 5 个与中药研发相关的泰山学者岗位。

中药材的产业分布在全省各市，为了方便药材资源的调查，参考相关学科《中国中药区划》《山东省综合农业区划》等，同时考虑各地区显著的地形特点和土壤性质、明显制约主要药用植物资源的生态条件和生物因素、特征性药用植物资源类型的组合等特点，将山东省划分为 4 个药用植物资源区，即胶东丘陵药用植物资源区、鲁中南山地丘陵药用植物资源区、鲁北滨海平原药用植物资源区和鲁西平原药用植物资源区。

第二节　各地区药用植物资源

一、胶东丘陵药用植物资源区

本区北、东、南三面环海，地处山东省东部，包括的区域为整个胶东丘陵沿五莲县山地向南延伸到省界，沭河以东的沭东丘陵。全区涉及的市由东向西依次有威海、烟台、青岛、潍坊和日照。

本区地形多样、土壤肥沃，并有海滨、沙滩和岛屿等多种类型的特点和优势，尤其是在气候上呈现出的优势特点为略具冬暖夏凉、降水量适中、相对温湿度大，以上特点和优势决定了此区域符合多种植物的生长要求。因此，本区植物总数占有独特的优势，数量多于其他各区，区系成分复杂，药用植物资源丰富，种类多、蕴藏量大；同时，该区适于栽培药材的生长发育和有效成分的合成积累，海洋药用植物资源丰富，是其他各区所无法与之相比的。总之，本区作为山东省主要药材生产产区之一，极大地丰富了山东省药用植物资源，据统计，其中重要的野生药用植物超过1 000种。

本区常见的主要药用植物：紫菜、海蒿子、海带、灵芝、球子蕨、阴地蕨、卷柏、石韦、瓦韦、乌苏里瓦韦、蛇足石杉、紫萁、拳参、五味子、马齿苋、孩儿参、长蕊石头花、瞿麦、多被银莲花、山东银莲花、乌头、长冬草、延胡索、地榆、宽蕊地榆、仙鹤草、委陵菜、郁李、葛、黄芪、野百合、苦参、白鲜、远志、酸枣、山茶、西洋参、防风、柴胡、辽藁本、珊瑚菜、照山白、尖叶杜鹃、杜鹃花、月见草、连翘、石血、紫草、单叶蔓荆、丹参、黄芩、益母草、地椒、忍冬、茜草、展枝沙参、细叶沙参、石沙参、沙参、轮叶沙参、茅莓、羊乳、桔梗、苍术、北苍术、朝鲜苍术、穿龙薯蓣、半夏、掌叶半夏、天南星、东北天南星、玉竹、黄精、崂山百合等。

本区重点发展的栽培道地药材及大宗药材：莱阳、牟平、海阳的北沙参；威海、荣成、蓬莱的蔓荆子、白术；日照、胶南的金银花、月见草、黄芩、黄芪、桔梗；文登、莱阳、荣成、牟平的西洋参、黄芪；蓬莱、龙口、莱州的延胡索；崂山的杜仲、细辛、五味子等。

重点开发的野生道地药材及大宗药材：五莲的连翘；崂山、昆嵛山、大泽山的灵芝、紫萁贯众、卷柏、石韦、松花粉、银柴胡、两头尖、地榆、辽藁本、茜草、丹参、羊乳、黄精、玉竹等。

海洋药材种类：紫菜、海藻、昆布（海带）等。

重点保护的野生药用植物资源种类：卷柏、紫萁、蛇足石杉、狭叶瓶尔小草、芒萁、球子蕨、假蹄盖蕨、山东假蹄盖蕨、山东蛾眉蕨、阔鳞鳞毛蕨、全缘贯众、银杏、孩儿参、烟台翠雀花、乌头、展毛乌头、圆锥乌头、拟两色乌头、山东银莲花、多被银莲花、细辛、五味子、玫瑰、黄芪、野百合、朝鲜老鹳草、白鲜、远志、山茶、烟台柴胡、防风、珊瑚菜、山茴香、连翘、络石、紫草、单叶蔓荆、黄芩、丹参、桔梗、羊乳、崂山蓟、半夏、黄精、青岛百合、山东万寿竹、二苞玉竹、天麻、蜈蚣兰等。

（一）威海地区中草药情况

威海属于温带大陆性季风气候，因其地处沿海地带，与地处相同纬度的内陆地区相比，受海洋性气候影响，表现出春冷、秋温、夏凉、冬暖四季分明的特点。调查显示，威海市历年平均气温在11℃以上，平均降水量达778.4mm，平均日照时间为2 569.4h，平均日照百分率近60%。全市耕地面积250余万亩，丘陵所占比例超过一半，土壤种类多为棕壤，适宜种植中药材。

西洋参、丹参、太子参是威海市3种主要且著名的中草药。西洋参的种植规模最大，其种植面积达5万亩，出圃面积1.2万亩/年，总产量为5 500t/年，带来的总产值收入达11亿元，其中绿色西洋参已获得基地认证，面积达8 000亩，成为全国三大西洋参种植基地之一；丹参种植面积5 000亩，总产量2 500t/年，带来的总产值收入达4 000万元；太子参种植面积0.3万亩，总产量1 500t/年，带来的总产值收入达2 250万元。同时，常见药材黄芪、五味子、葛根、金银花、银杏叶等在威海市也有种植，但是由于种植不集中、面积小，并未形成规模化。目前，为提高中草药的质量及产量，威海市对中草药种植采取合作社组织生产的模式，由基地、种植大户生产，统一供苗、统一技术、统一收购，从而提高了效率和经济效益（表1-1）。

表1-1　威海市中草药种植情况调查

品种	种植面积	种植地域	建议技术措施
西洋参	威海市共5.55万亩，其中文登区4.5万亩、荣成市1万亩、乳山市500亩	文登：主要分布于大水泊镇、侯家镇、泽头镇、高村镇、张家产镇、文登营镇、葛家镇、埠口镇、米山镇、小观镇 荣成：主要分布于上庄镇、大疃镇、荫子镇、崖西镇、人和镇、滕家镇 乳山：主要分布于南黄镇	1. 采用引进、脱毒、提纯复壮、杂交、辐射育种等方法筛选高产优质西洋参品种 2. 加大西洋参重茬栽培技术试验研究力度，希望与中国医学科学院药用植物研究所、山东省农业科学院、山东农业大学、山东中医药大学等单位建立经常性的成果交流和研讨，合作开展西洋参重茬栽培技术研究
丹参	5 000亩	主要分布于乳山市无极镇、诸往镇、海洋所镇；文登泽头镇	
高丽参	2 000亩	主要分布于乳山市下初镇	
金银花	2 000亩	主要分布于乳山市下初镇、午极镇、诸往镇、乳山寨镇	

（续表）

品种	种植面积	种植地域	建议技术措施
元胡	600亩	主要分布于乳山口镇、冯家镇、 大孤山镇、下初镇	
黄芩	800亩	主要分布于莱州市	
丹参	500亩	主要分布于莱山区莱山镇	

目前，威海西洋参种植主要问题，一是品种老化，二是重茬栽培技术亟待解决。

虽然，威海市中草药在种植具有一定的优势，但是在加工生产方面还停留在简单的粗加工上，主要以切割、晾晒或烘干、粉碎等过程为主。此类产品的附加值较低，因此价格低，质量高，故深受各采购商的青睐，销往国内及世界各地。同时，由于西洋参是一种较为特殊的宿根植物，受其忌地性强的影响，西洋参的生产尚未实行连作种植的方式，存在的这一问题已成为限制西洋参种植产业发展的主要因素之一。其他中药种植也未形成规模化，种植户分散，没有掌握相关的种植技术，故存在产量少的问题。综上可见，威海地区的中药材种植在技术、规模和产业化开发等方面有很大的提高空间。

（二）烟台地区中草药情况

烟台位于山东半岛的东北部，为东经121°16′~121°29′，北纬37°24′~37°33′，东与威海接壤，南与青岛毗邻，西靠潍坊，北濒渤海、黄海，与威海同属温带大陆性季风气候，也具有春冷、夏凉、秋温、冬暖四季分明的特点。数据表明，烟台历年年均气温在12℃左右，年均降水量700mm左右，无霜期超过200天，植物种类繁多且生长茂盛，野生中草药植物丰富，经调查该区有野生中草药植物171种，隶属于67科，常用中草药近百种。

黄芪、黄芩、桔梗等是烟台市主要的中药材，然而尚未形成规模化的种植基地。调查表明，野生的中草药资源丰富。但是近年来，野生中草药无人采收和收购，造成大量中草药资源浪费。我们走访了一部分农民，认为造成野生药材资源浪费的主要原因有三个：一是药材公司经营效益不高，不愿收购；二是缺乏专业技术人员，不能收购；三是野生中草药收购价格偏低，农民不愿采集。建议有关部门，特别是药材部门，应适当调整野生药材的收购价格，有计划、有组织地培养专业技术人员，对野生中草药进行收购和加工炮制，合理地开发利用。现在很多野生药材已经改为人工种植，缓解了某些药材紧缺的情况，而且规模化的种植可为当地农民带来利益。但就某些药材中有效成分的含量来说，野生药材比同种人工种植药材的含量要高。如野生丹参，黄酮的含量比人工种植丹参高十几倍。月见草在烟台市近郊自然生长极好，是抗盐碱和贫瘠土壤的优良品种，只需稍加人工播种，不需进行管理，就可成片生长，据山东省林业科学研究院栽种实验，每公顷可产种子 4 890kg，产值可达 14 680 元。调研中还发现很多其他的野生中草药，野生果类中草药包括果皮和种子入药的种类，共 29 科 45 种。蕴藏量在 500kg 以上的常见中草药有罗布麻、小蓟、半夏、芦苇、地肤子、播娘蒿、南蛇藤、车前、苍耳、枸杞、牵牛花、益母草、黄荆、酸枣等，特别是玉竹在塔山成片生长，茵陈蒿在早春遍地皆是，藏白蒿等也很普遍。野生全草类中草药（植物所有器官入药有相同的功能）共有 44 科 108 种。建议有关部门组织科技人员对其有效化学成分进行研究和开发。另外，北沙参在崆峒岛的海滩沙地生长特别好，其根可长达 1m 以上，然而现已处于濒危状态，建议有关部门加以保护。野生花类中草药（包括花序入药的种类）共有 12 科 17 种。这些野生的中草药如果能被开发利用，不仅能增加农民的收入，对于中草药的发展也是极其有好处的。

栖霞是烟台产蝎子最多的地区，自中华人民共和国成立以后就是久负盛名的养蝎示范区，但是近几年养蝎却逐渐走向没落。烟台灵芝栽培种植技术也是由来已久，且由之前的农户散种，到现在专门的灵芝种植基地，从之前的野生灵芝无人识别，到现在的专门的野生灵芝采购公司，灵芝产业已经逐步做大。

烟台鹿王山庄隶属国内首家家族式的大型梅花鹿养殖集团，20 世纪 90 年代建场，承包占地 7 000 余亩，引进约 300 只国内最优良的马鹿和梅花鹿基础群，并建设大型鹿舍 30 余个，早于 2000 年就曾经参加过中韩梅花鹿业养殖大会，在会中与韩国养殖大户相互交流养殖经验及鹿产品研发与扩张销售等一条龙的销售理念。鹿王鹿业特种养殖技术有限公司位居国内十大知名鹿业企业，鹿王鹿业梅花鹿种鹿养殖基地为国优级梅花鹿等优质鹿种鹿基地，梅花鹿是经过梅花鹿养殖技术中心繁育的优质品种，常年为各大小养殖户提供优质鹿种并提供完整完善的养殖技术，同时提供新鲜鹿肉、鹿茸、鹿鞭、鹿排、鹿里脊、鹿茸酒、鹿血酒等鹿产品，鹿茸产品更是久负盛名。

除种植药材以外，烟台还有很多野生的中草药。然而近几年来，野生中草药无人采收和收购，造成大量中草药资源浪费。近年来烟台市已经将部分药材改为人工种植，但是野生中药材的品种仍然很多，从某些药材中有效成分的含量来说，野生药材比同种人工种植药材的含量要高，因此重视野生中药材资源的合理开发利用，既利于农民收入的提高，又利于人民的健康，这也是目前烟台市亟待解决的问题之一，同时常规中药材的生产也要逐渐形成规模化、产业化。

（三）青岛地区中草药情况

青岛与威海、烟台同属胶东片区，有多个中草药种植基地，分布在胶州、平度、黄岛等多个地区。最初，青岛的中草药种植处于小规模化阶段，随着黄岛新区第一大镇——大村镇广袤种植基地的建立与发展壮大，中草药种植的规模与速度都在快速的增长。截至2014年，种植面积就达到了1 000多亩，川芎的总种植量达到500亩，金银花达到2 200亩，该地区和莱西市、胶州市丹参的总种植面积达到1 300亩。按照青岛市的规划，为了争创全省最大的中药材种植示范基地，将利用接下来的五年时间逐步扩大黄岛大村镇中草药种植面积，最终的预计面积为1万亩。同时，青岛黄岛大村镇凭借中药种植与企业相依托的优势，将逐渐形成以大村镇为中心的产业一体化的产业生产模式。我们针对该地区的种植企业、品种、种植面积、种植区域展开了调查，具体种植品种及种植面积见表1-2。

表1-2 2015年青岛中药材种植情况调查

种植企业	品种类别	种植面积（亩）	种植地域
青岛兴禄中药材专业种植专业合作社	丹参、黄芩、桔梗、玉竹	1 000	青岛市黄岛区胶河经济区驻地
青岛田慧生物科技有限公司	白术、桔梗、射干等	1 000	横山后村、封家小庄
青岛春天味道生态农业有限公司	石斛、白及	320	后茂甲村
青岛聚源达农业开发有限公司	西洋参	360	东白马村
青岛禄凯通农产品专业合作社	金银花	360	子罗村

药用植物资源有较高的经济价值，但是由于无序的开采，造成了资源的不合理开发利用。灵山岛药用植物资源种类较多，但多在单一的科属内集中，药理多样，地理区系类型丰富。针对这些实际情况，为维持药用植物的多样性、更好地开发利用资源，我们提出以下几点建议。

（1）加强对药用植物资源的保护利用，尽量避免对珍稀及重要药用植物的破坏。

（2）积极引导居民栽培枸杞、苦参等中药材，增加居民收入。枸杞是盐生种，栽培简单，而且是我国特有的名贵药材，其全株均可入药，叶为中药"天精草"，可以补虚益精、清热明目；果为"枸杞子"，能滋补肝肾、益精明目；根为中药"地骨皮"，可以凉血除蒸、清肺降火。枸杞的果实和嫩叶可以食用，具有保健作用，可以作为农家宴的时蔬。枸杞还可作为观赏树种，在枸杞结果的时节，举办枸杞采摘的活动，既可以品尝果实，又可以体验在大自然中采摘的乐趣。这样，既达到了退耕还林的目的，又可以增加居民收入。

（3）分类管理，科学采收。例如，对于枸杞、益母草等分布广泛、资源量较大的种类，可以鼓励群众科学采收；对于国家重点保护的药用植物资源，如连翘（国家三类珍稀药用植物）等，应进行重点保护，禁止野生种类的樵采，进行人工栽培利用，以贮备珍稀药用植物的遗传基因，保存遗传的多样性。

青岛在全国最早开展了海洋中药材的研究开发，已明确海洋中药材品种1 479种、发现海洋活性天然产物3 000余个，克级制备海洋寡糖标准品60余种；成功开发海洋新药5个，功能产品200余个（表1-3）。

表1-3　青岛海洋药材的调查

区域	品种类别
青岛海区	海马、牡蛎、乌贼、鲍鱼、珍珠母、蛤壳、鱼鳔
青岛山区	灵芝、小叶石苇、侧柏、柏木、蒙桑、黑石华、苏铁、银杏、无花果、白皮松、赤松、黑松、柳杉、毛白杨、胡桃、枫杨、板栗、麻栎、栓皮栎、大麻、化香树

（四）潍坊药材资源情况

潍坊市位于山东半岛中部，东与青岛市接壤，西与东营市、淄博市毗邻，南靠沂山，北临莱州湾，总面积17 302km^2。我们调查了五莲、高密、诸城、安丘和昌乐南五县。经调查的药用植物731种，隶属于148科430属。蕴藏量约3 800万kg，常年收购品种近300种，年收购量200万~500万kg。据调查，蕴藏量在10万kg以上的常用中药品种有黄芪、沙参、生地、丹参、桔梗、远志、百部、柴胡、板蓝根、酸枣仁和柏子仁等；在5万kg以上的有黄芩、马兜铃、益母草、翻白草、荆芥、菌陈、艾叶和半夏等。其中黄芪种植面积7 600余亩，年产量可达280万kg。自1981年来药材种植面积一直保持在3 000亩左右，产量在120万kg，产值在160万元左右。综上所述，潍坊中草药品种繁多，能治疗的症状也有很多，对此，我们做了相关的调研（表1-4）。

表 1-4 潍坊中草药用途的调查

用途	品种类别
用于治疗肝炎	毛茛、茵陈、蒺藜、大枣、苦地丁、垂盆草、茜草、活血丹、山蓼、阴行草、甜地丁、天胡荽、鬼针草、忍冬、白茅根、蒲公英、鸡眼草、黄芩、节节草等
用于治疗慢性支气管炎的	桔梗、荔枝草、胡枝子、前胡、白前、千日红、马兜铃、薄菜、桑白皮、杏仁、半夏、白芥子、南沙参、茜草、照山白、映山红、徐长卿、筋骨草、百里香、柽柳、旋复花等
用于治疗心血管疾病	丹参、葛根、豨莶草、罗布麻、红花、马鞭草、桃仁、益母草、独行菜、牛膝、泽兰、三棱、活血丹、山楂、黄芩、元胡、卫矛等

(五) 日照药材资源调研

日照位于东经 118°25′～119°39′、北纬 35°04′～36°04′；总陆域面积 1 915.17km²。该区气候条件良好，属暖温带湿润季风区大陆性气候，四季分明、雨热同季、光热丰富，年平均气温 12.6℃。日照地区土壤以棕壤土为主，占总面积的 82.8%。

据调查，日照沿海地区共有药用植物 134 科 497 种（包含变种）。按分类地位来划分：孢子植物有五大类 32 种，占药用植物的 6.4%，其中藻类 7 科 11 种、菌类 6 科 7 种、地衣类 2 科 2 种、苔藓类 1 科 1 种、蕨类 8 科 11 种；种子植物有两大类 465 种，占药用植物的 93.6%，其中裸子植物 5 科 10 种、被子植物 105 科 455 种。被子植物中有双子叶植物 88 科 393 种，单子叶植物 17 科 62 种。药用植物资源分布情况如表 1-5 所示。

表 1-5 潍坊中草药用途的调查

地形	特点	品种类别
山丘森林	自然条件较差，药用植物资源贫乏；阴坡自然条件相对较好，药用植物资源丰富；林内腐殖质含量高自然条件相对较好	地榆、柴胡、委陵菜、芫花、翻白草、酸枣、丝石竹、桔梗等；阴坡：卷柏、元胡、石韦、天南星、草乌、玉竹、半夏、太子参等；林内：粘鱼须、苍术、白薇、远志等；山溪沟旁：水蓼、回回蒜、薄荷、车前、紫苏等
平原田野	土壤肥沃，阳光充足栽培植物较多	木槿、槐米、牡丹、槐花、杜仲、马齿苋、苦楝、合欢、茵陈、小蓟、蒲公英、厚朴；溪旁：莲、芦根、菖蒲、浮萍、蒲黄等；路边：马兜铃、茵陈、黄蒿、益母草、蛇莓、委陵菜等

（续表）

地形	特点	品种类别
沿海滩涂	生态环境单一	北沙参、杠柳、蔓荆子、赤松、柽柳、黑松等
黄海近海	药用植物资源独特	海藻、海带、紫菜、石花菜、裙带菜等

本区应有效地保护野生药用物资源，大力开展野生变栽培的驯化研究，发展大宗药材，开发海洋药材。应加强对野生药用植物资源的保护和合理开发利用，建议建立崂山、昆嵛山物种自然保护区，对野生药用植物资源进行有效的保护；对本区分布的列为国家重点保护的野生药材物种单叶蔓荆及山东省特有或濒危的重要药用植物如狭叶瓶尔小草、山东峨蛳蕨、崂山鳞毛蕨、崂山百合、细辛、五味子、多被银莲花、山东银莲花、烟台翠雀花、拟高帽乌头、展毛乌头等，进行特殊保护，建立种质基因库；充分利用本区优越的自然条件，大力开展重要药用植物野生变栽培的驯化实验研究工作，为药用植物资源的开发利用走出一条新路子，大力开发杜仲、细辛等药材，利用崂山、昆嵛山优越的气候条件，划出较大面积的山坡地段，专门营造杜仲—细辛林，杜仲林下栽培细辛，充分利用空间，建立山区药材立体结构的生产模式。

二、鲁中南山地丘陵药用植物资源区

本区位于山东省中南部山地、丘陵地带，四周为平原所包围。东部以鲁中断裂带为界，西部达鲁西湖带的东缘，大致沿京杭运河为界，北部以泰山山系北部山麓地带和济南以西的黄河为界，在行政区划上包括济南大部、淄博、枣庄、泰安、临沂和潍坊市的南部，区内山地最多，海拔最高，省内的主要山脉如泰山、鲁山、蒙山均在本区之内。

本区主要特点：由于水、热资源丰富，四季分明，雨热同季，适宜于植物生长。野生药材植物资源种类繁多，蕴藏量大，主要野生药用植物有800余种。山东省道地药材中2/3的品种都集中于本区，为山东省药材的主产区，形成了本区药材野生兼栽培两大优势并举的显著特点。

本区面积大，植物资源丰富，重要野生药材植物1000余种。常见的有卷柏、石韦、瓦韦、乌苏里瓦韦、凤尾草、山东耳蕨、山东假蹄盖蕨、鲁山假蹄盖蕨、中日假蹄盖蕨、贯众、山东贯众、密齿贯众、倒鳞贯众、山东假瘤蕨、银杏、侧柏、百草、马兜铃、北马兜铃、拳参、商陆、萹蓄、辣蓼、支柱蓼、红蓼、青葙、马齿苋、长蕊石头花、石竹、山东石竹、兴安石竹、长萼石竹、三脉石竹、长萼瞿麦、瞿麦、太行铁线莲、展毛乌头、圆锥乌头、白头翁、木防己、小药八旦子、黄芦木、播娘蒿、委陵菜、翻白草、仙鹤草、地榆、桃、杏、郁李、苦参、葛、黄芪、野百合、地锦草、大戟、狼毒、猫眼草、白蔹、酸枣、紫花地丁、辽藁本、蛇床、白前、白薇、当药、日本菟丝子、菟丝子、牵牛、裂叶牵牛、女贞、连翘、马鞭草、丹参、山东丹参、白花丹参、单叶丹参、黄芩、薄荷、益母草、藿香、地椒、荔枝草、香薷、龙葵、车前、茜草、徐长卿、沙参、茅莓、轮叶沙参、石沙参、展枝沙参、桔梗、苍术、北苍术、漏芦、华东蓝刺头、苍耳、牛蒡、蒲公英、豨莶、旱莲草、茵陈、黑三棱、鸭跖草、灯心草、莎草、菖蒲、半夏、天南星、直立百部、华东菝葜、玉竹、黄精、穿龙薯蓣、射干等。种植面积较大，品种相对集中的地区有莱芜、淄博、济南、临沂、泰安、枣庄，种植面积共计 127.06 万亩。

淄博市桔梗种植面积达 6 万多亩，年出口量达 3 万多吨，成为全国最大的桔梗种植与出口基地。2005 年总产量达 7.5 万 t，总产值达 1 亿元，已成为淄博市支柱产业之一（表 1-6）。

表 1-6　鲁中南地区药用植物资源调查情况

区域	种植总面积（万亩）	品种
莱芜	1.34	以丹参为主，其次桔梗、黄芩、徐长青、北沙参等
淄博	0.24	以牡丹为主，其次连翘、金银花、芍药、桔梗等
济南	7.3	以玫瑰为主，其次丹参、栝楼、牡丹、芍药、金银花、黄芪、桔梗、地黄、柴胡等
临沂	115.9	以金银花、山楂丹参、酸枣仁为主，其次黄芩、黄芪、板蓝根、太子参、杜仲、皂角刺、紫苏、白芍、栝楼、金鸡菊、徐长青、银杏叶、灵芝、木瓜、石竹等
泰安	2.08	以丹参、金银花为主，其次徐长青、泰山四叶参
枣庄	0.2	丹参、皂角刺

调查后，我们对鲁中南地区的药材进行了归类（表 1-7）。

表 1-7　鲁中南地区药用植物资源调查情况

类型	品种
山东省道地药材	白果、太子参、白芍、牡丹皮、木瓜、玫瑰花、山楂、猪牙皂、徐长卿、丹参、黄芩、地黄、金银花、瓜蒌、天花粉、桔梗
重点发展的栽培道地药材及大宗药材	金银花、木瓜、玫瑰、山楂、瓜蒌、山茱萸、石榴皮、太子参、玄参、远志、银杏、丹参、徐长卿

（续表）

类型	品种
重点开发的野生道地药材及大宗药材	酸枣仁、柏子仁、侧柏叶、松花粉、连翘、马兜铃、地榆、徐长卿、汶香附、泰山四大名药
重点保护的野生药用植物资源	卷柏、孩儿参、狭叶瓶尔小草、何首乌、阴地蕨、山东假蹄盖蕨、鲁山假蹄盖蕨、山东假瘤蕨、河北蛾眉蕨、山东鳞毛蕨、山东贯众、倒鳞贯众、密齿贯众、胡桃、马兜铃、北马兜铃、山东石竹、黄芦木、展毛乌头、圆锥乌头、五味子、小药八旦子、山东山楂、黄芪、野百合、老鹳草、牻牛儿苗、朝鲜老鹳草、西伯利亚远志、远志、防风、北柴胡、红柴胡、连翘、条叶龙胆、紫草、徐长卿、白首乌、丹参、白花丹参、单叶丹参、山东丹参、黄芩、羊乳、桔梗、半夏、独角莲、直立百部、山东百部、黄精、天门冬

本区应加强对野生药用植物资源的保护和合理开发利用，应建立泰山、蒙山药用植物保护区，对野生药用植物资源进行有效地保护；对本区有分布的"国家重点保护野生药用物种"采取有效措施进行保护，并建议尽早对本区拟订的《山东省重点保护野生药用植物名录》报经省级有关立法部门批准并公布，像国家重点保护"野生药材物种"一样，立法保护，加强业务部门具体管理，进行有效保护；充分发挥道地药材生产基地的作用，保证药材质量，不断提高产量，并开展道地药材质量控制标准的研究，制订出完整的质量控制标准。

三、鲁北滨海平原药用植物资源区

本区位于山东省北部，北濒渤海，西接惠民、阳信、无棣、马颊河，东临胶莱河，南与鲁中山区的北麓洪积平原为邻。行政区划包括滨州市、东营市、潍坊市的北部。

本区主要特点：为平原、海滨，盐碱荒地大。区内缺乏森林，植物种类少，野生药用植物资源不多，栽培药材也不丰富。本区也是山东省药用植物资源最为贫乏的一个区。

本区药用植物资源现状：植物种类单纯，重要的药用植物近300种。常见的种类有问荆、节节草、日本节节草、草麻黄、旱柳、萹蓄、直立萹蓄、碱蓬、盐地碱蓬、猪毛菜、中亚滨藜、盐角草、甘草、野大豆、枣、柽柳、多枝柽柳、蛇床、补血草、二色补血草、罗布麻、单叶蔓荆、益母草、枸杞、茵陈、海州蒿、黄花蒿、翅果菊、蒙古鸦葱、蒲公英、阿尔泰狗娃花、獐毛、白茅、芦苇、水烛（表1-8）。

表 1-8　鲁北滨海平原药用植物资源调查情况

类型	品种
栽培药材	白板蓝根及大青叶、月季花、甘草、决明子、山茱萸、地黄、荆芥、菊花等
重点发展的药材	软蒺藜、甘草、大枣、地黄、蔓荆子、菊花、茵陈蒿等
重点开发的野生药用植物资源	蛇床、柽柳、罗布麻、盐地碱蓬等
重点保护的野生药用植物种类	日本节节草、草麻黄、甘草、柳穿鱼等

四、鲁西平原药用植物资源区

本区位于山东省西北部和西南部的德州市、聊城市、济宁市和菏泽市，是华北大平原在山东省的主要部分，地形平坦，属于黄河冲积平原。鲁西南的南四湖和北五湖，是省内主要的湖泊群。

本区主要特点：是山东农业发展最早和垦殖指数最高的地区，除湖区外，已很少见到天然植被。本区为农业区，除湖区盛产各种水生药材外，野生药用植物资源贫乏；但本区结合农业生产，栽培药材甚为普遍，为山东省中药材的主产区之一，也是该区药用植物资源的显著特点。

本区药用植物种类不多，重要的近 400 种。常见的野生种类：侧柏、桑、柘树、萹蓄、马齿苋、莲、播娘蒿、荠菜、槐、草木樨、米口袋、老鹳草、枣、补血草、罗布麻、菟丝子、益母草、枸杞、白英、龙葵、洋金花、柳穿鱼、车前、茜草、蒲公英、刺儿菜、黑三棱、香附、白茅、芦苇。栽培药材主要有牛膝、附子、白芍、牡丹皮、大青叶、板蓝根、黄芪、决明子、白芷、天花粉、枸杞、瓜蒌、杜仲、地黄、玄参、丹参、紫苏、薄荷、黄芩、金银花、桔梗、白术、菊花、红花、牛蒡子、山药、半夏、天南星、薏苡、麦冬等。

本区重点发展的大宗栽培药材：菏泽的牡丹、芍药、地黄、红花、紫苏、山药、麦冬、附子、半夏等；嘉祥的菊花；德州、聊城的枸杞、菊花；禹城的金银花等。

重点开发的野生药材资源主要有罗布麻、芦苇、白茅、柽柳等。

近几年，山东省仍在不断引进新的药材品种进行栽培种植或示范推广研究，如青岛农业大学郝智慧教授从美国直接引进紫花紫锥菊、淡紫锥菊、狭叶紫锥菊 3 种紫锥菊属药材进行种植对比研究，并对其采收加工工艺、生药学、质量、药理药效和毒理作用等进行了深入研究，研制出了紫锥菊末、紫锥菊口服液、紫锥菊颗粒等新制剂，还对紫锥菊多糖进行了提取纯化研究，为其产业化开发奠定了良好的基础。

第三节　山东药用植物种质资源的保护措施

植物资源是人类及其他生物赖以生存的物质基础，由于天然的和人为的各种原因，植物资源，尤其是药用植物种质资源受到严重破坏，甚至许多物种已经灭绝或濒临灭绝，例如，山东省共发现大型真菌 64 科 166 属 435 种（包括中下等级），濒危种 4 种（灵芝 *Ganoderma lucidum*、松乳菇 *Lactarius deliciosus*、橙黄红菇 *Russula aruea*、羊肚菌 *Morchella esculenta*），占该区大型真菌总种数的 0.92%；脆危种 34 种，占该区大型真菌总种数的 7.82%；敏感种 74 种，占该区大型真菌总数的 17.01%。因此物种资源，尤其是药用植物种质资源的保护已成为刻不容缓的问题。1987 年 12 月 1 日国家实施了《野生药材资源保护管理条例》，将国家重点保护的野生药材物种分为三级，并严格规定了不同级别的采药许可范围。根据这一规定，国家中医药管理局会同国务院野生动植物管理部门及有关专家共同制定出第一批"国家重点保护的野生药材物种名录"76 种，其中植物药材物种 58 种。山东省植物类野生药材资源物种处于濒危状态，列为《国家重点保护野生药用植物种名录》的有狭叶瓶尔小草、细辛、胡桃、五味子、甘草、防风、北沙参、黄芩、远志、西伯利亚远志、龙胆、紫草、单叶蔓荆、连翘、天冬、黄芪、天麻 17 种，根据山东省的实际情况，对药用植物种质资源的保护提出以下建议。

一、建立药用植物种质资源基因库

根据《山东药用植物资源区划》，应分别在崂山、昆嵛山、蒙山等地建立药用植物种质资源基因库。利用这一天然的资源和优越的地理、气候条件，与高科技管理相结合，以当地分布的物种为主，并引种国内南、北方以及国外一些名贵药用植物物种进行驯化，采用现代生物技术对山东重要及特有植物物种进行研究并重点养护，使珍稀濒危药用植物物种得以繁衍生息。

二、建立药用植物资源保护区

结合物种的生物学、生态学特性，建立山东省大型药用植物资源濒危评价和优先保育评估体系，将药用植物资源划分为不同等级，建立药用植物物种濒危评价、优先保育评估体系和种质资源自然保护区，采用层次分析法确定物种保护层次，按照不同层次设定保护范围和任务，这是保护珍稀濒危植物物种最有效的途径和最成功的方法。在划定保护区的范围时必须考虑植物物种植被的多样性和物种的群落性，特别是对属于山东道地药材的物种，珍稀濒危的名贵物种作为就地保护的重点，给予生息繁衍的机会。把重要药用植物物种也列为重要保护的内容和对象，增设有关专业科技人员，制订保护规划，明确保护目标和具体内容，制订具体可行的措施，切实达到保护的目的。

三、建立省级重点保护珍稀濒危药用植物名录

山东省保护珍稀濒危药用植物物种的工作起步较晚，1993年王仁卿等出版了《山东稀有濒危保护植物》一书，提出了山东省要保护的稀有濒危植物名录，其中包括部分药用植物种类。1998年周凤琴、李建秀等发表了《山东珍稀濒危野生药用植物的调查研究》，提出了建议保护的《山东珍稀濒危野生药植药名录》。根据《国家重点保护野生药材物种名录》及本省的药用植物资源状况，提出了《建议列为山东省重点保护野生药用植物名录》，建议山东医药及野生动植物管理部门组织有关专家共同论证审定，提交省立法机关批准正式公布，进行有效的保护。

四、资源保护的立法、教育和管理

长期以来，由于种种原因，人们对植物种质资源保护不足，致使一些重要的中药材物种资源被掠夺式破坏，有的物种处于濒临灭绝的状态。如细辛，属于《国家重点保护野生药材物种名录》中被保护的濒危物种，山东仅分布于崂山，而且蕴藏量很少，由于人为的过度采挖，使崂山分布的细辛濒临灭绝。像这样的实例还有山东贯众、倒鳞贯众、密齿贯众、山东石竹、紫草、羊乳、崂山百合等。因此，必须采取多种形式和方法进行广泛的宣传教育，使全民都懂得保护植物资源和物种的重要性。建议有关部门在山东省内建立统一的、有一定权威的自然资源保护领导管理机构，组织和协调自然资源的保护管理工作。认真贯彻执行《国家野生药材资源保护管理条例》，结合山东的具体情况，制定本省的《野生药材资源保护管理条例》和《山东省野生药材物种保护名录》，经立法部门批准公布实施，使人们都能够依法办事，违法必究，以充分发挥药材的社会效益、经济效益和生态效益。

综上所述，为了给华中地区中兽医药资源的基础数据库建立提供数据支撑，为进

一步的全国中兽医药资源数据库与信息共享平台建设提供基础数据背景，我们开展了山东地区中草药资源情况调查工作。为了方便开展药材资源的调查，参考相关学科《中国中药区划》《山东省综合农业区划》等，同时考虑各地区显著的地形特点和土壤性质，明显制约主要药用植物资源的生态条件和生物因素，按特征性药用植物资源类型的组合等特点，将山东省划分为 4 个药用植物资源区，即胶东丘陵药用植物资源区、鲁中南山地丘陵药用植物资源区、鲁北滨海平原药用植物资源区、鲁西平原药用植物资源区。对所划分的每个区域的野生药材资源和人工种植资源情况分别进行调查整理，并对不同区域中草药产业发展情况进行综合评价，总结出保护药材资源、实现可持续发展的措施。调查结果显示，各区野生药材资源种类虽然丰富，但有一部分药材由于人类保护不当或者过度利用而濒临灭绝，中草药种植产业虽然每年都有大幅度增长，但由于种植、采收、贮藏、加工技术落后，导致药材质量不高，或由于中草药产销信息不对称导致价格大幅度波动，打击种植户的积极性，因此我们必须尽快加大力度做好中草药产业基础资源的调研工作，以指导和推动中草药产业的健康快速发展。

第二章 山东中兽医药资源利用情况调查

我们对山东地区的中国传统中兽医药的资源和利用现状进行全面调查与分析，对有关的中兽医药古籍、现代文献、针灸及诊治技术资源、中兽药信息资源和具有较高价值的中兽医药资源，利用现代信息技术，开展相关中兽医药资源的汇编、注解、编译、标本制作等抢救与整理工作，形成山东地区中兽医药资源的基础数据库，为进一步开展全国中兽医药资源数据库与信息共享平台建设提供基础数据背景。

第一节 山东中兽医药发展基本情况

中兽医即中兽医学和中兽医医药学，起源于原始社会，其整体观念、辨证论治的学术体系和以针药疗法为主体的防治技术是在奴隶社会形成的，历经数千年的发展，中兽医学已经形成了完整成熟的学术体系。

一、中兽药研发、生产与应用情况

畜牧业作为农业的重要产业，在山东乃至全国具有举足轻重的地位。从数量上看，2014 年，山东肉类产量 758 万 t，连续 20 年稳居全国首位；蛋类产量 388 万 t，居全国第二位；奶类产量 289 万 t，居全国第五位；肉蛋奶总产量占全国的 1/10。畜牧业产值 2 418 亿元，从 1990 年开始，已连续 25 年位居全国第一。到目前为止，山东共有兽药企业 260 家，2014 年，山东省兽药产值 65 亿元，饲料兽药产值都在全国位居前列。山东有中兽药 GMP 生产车间 33 个，多数兽药企业自己能够开展中兽药研发工作，但是科技创新能力严重不足，植物药标准化程度低，生产工艺落后，缺乏科学规范的质量标准和质量控制手段，养殖现场缺乏具备能够开展传统中兽医辨证论治来预防、诊断和治疗疾病的技术人员等原因，严重制约了中兽药的发展，因此中兽药产品所占市场份额依然非常小。

对 2000 年至今全国中兽药注册情况进行统计发现，自 2006 年江苏倍康药业有限公司、南京知新医药研发有限公司注册成功第一个新中兽药制剂大黄侧柏叶合剂开始，至 2016 年 2 月，全国一共注册新中兽药 72 个，山东省在 2012 年首次获得新兽药证书之后，共注册 14 个新兽药，以郝智慧博士团队研究并注册的 10 个新中兽药分别是：紫锥菊（一类）、紫锥菊末（一类）、紫锥菊口服液（一类）、连蒲双清散（三类）、连蒲双清颗粒（三类）、芪术增免合剂（三类）、芪草乳康颗粒（三类）、连翁颗粒（三类）、白头翁颗粒（三类）、清解颗粒（四类），占全国注册新中兽药总数的 13.9%，占全省注册新中兽药总数的 71.4%，此外还有桉薄溶液（三类，烟台绿叶动物保健品有限公司）、地锦草颗粒（三类，山东省兽药质量检验所、山东华尔康兽药有限公司）、麻杏石甘可溶性粉（四类，山东圣旺药业股份有限公司）、膏芩口服液（三类，齐鲁动物保健品有限公司）。山东省注册的新中兽药证书占全国总注册量的 19.4%。目前这些新兽药已经逐步开始推广应用，预计有良好的经济效益和社会效益。

二、中兽医科研著作情况

西汉农业专著氾胜之的《氾胜之书》，北魏时青州（今山东东部）高阳太守贾思勰编著的《齐民要术》，元代王祯编著的《王祯农书》及公元 1908 年（清·光绪 34 年）山东临淄周维善编著的《疗马集》都记载或详细记载了中兽医学知识。尤其是贾思勰编著的《齐民要术》，是中国历史上有名的科学著作。此书基本上总结了中国北魏（公元 386—534 年）以前的农业和畜牧业的技术经验，是我国现存最早的，在当时是完整、最全面而又系统化的农业科学知识的集成，也是世界上最古老的农业科学专著之一。其中的畜牧兽医专卷，记载有相马法、家畜的饲养管理方法和家畜 26 种疾病的治疗方法（包括方药和手术治疗），尤其该书所记载的治疗大小便不通的直肠入手法，用削蹄法治疗漏蹄，猪、羊的阉割术（包括羊的无血去势术）以及关于家畜群发病的防治隔离措施等，都很有科学价值，反映了当时的兽医技术已有了相当高的水平。唐代（公元 874—888 年）李石等编著的《司牧安骥集》，明代（公元 1368—1644 年）喻本元、喻本亨编著的《元亨疗马集》等中兽医著作，流传山东，为山东省畜牧兽医的发展，为中兽医的继承、发展和创新做出了积极贡献。

中兽医学与中医学一脉相承，中兽医学的发展根基于中医学，因此《内经》《伤寒论》《伤寒杂病论》《神农本草经》《本草纲目》对中兽医学历史影响巨大。

中华人民共和国成立后，中兽医得到了重视和发展。1957 年 6 月，山东省农业厅在济南召开《中兽医医学座谈会》，邀请山东省内知名的中兽医工作者23人参加，座谈交流中兽医技术，贡献祖传秘方，并对献出的验方、偏方、秘方、单方进行了整理，印发各地供参考。1959年农业部《关于中兽医采风和编辑兽医药物志的通知》指示各地成立采风小组，开展中兽医采风工作。全省广大中兽医工作者，在4个月内献集了验方、秘方2 000多份，将搜集的材料和1956年中兽医代表会上的资料，组织有关专家和知名民间兽医进行审定，汇编并出版了《山东省中兽医诊疗经验》。1970年山东省农业局第二次组织开展中兽医"采风"工作，搜寻遗落民间的中兽医验方、单方、中草药和中兽医诊疗经验，共整理117个病种、450个方剂，汇编并出版了《山东省中草药验方选编》。1976年4月山东省畜疫防治站、山东省农业科学院畜牧兽医研究所、山东省食品公司在莱阳县联合召开兽用中草药制剂经验交流会，有88名中西兽医参加，会后山东省农业局、商业局、山东省农业科学院转发了《全省兽用中草药制剂与经验交流会纪要》，要求对兽用中草药制剂实行自采、自种、自制、自用。由山东省农业科学院中兽医研究室出版了临淄区知名中兽医《阎冠五的诊疗经验》一书，由山东畜牧兽医职业学院戴永海总结撰写出版了中兽医《王树棠针灸治疗跛行的经验》。惠民地区通过查访搜集全区兽医、人医古籍34册，其中无棣县支奎林献出60年前其老师编著的《药性四字歌诀》《脉诀》的手抄本，杨玉春献出古籍18册，其祖父、父亲手抄本18册，内载1 010个秘方、验方。1987年农业部在密云召开的全国中兽医会议上，山东省将搜集到的古籍、抄本和有关照片送到大会展览，受到与会者的广泛好评。

1989年《山东中兽医》杂志创刊。中国畜牧兽医学会中兽医研究会理事长、北京农业大学于船教授，中国农业科学院中兽医研究所研究员瞿自明，中国农业科学院南京农业大学农业遗产研究室研究员邹介正题词。《山东中兽医》杂志从1989年创刊，每年2期，自2002年改为双月刊。

山东中兽医工作者编写的代表性著作有徐立主编、戴永海副主编的《中草药物添加剂学》，白紫儒副主编的《中国农业百科全书·中兽医卷》，戴永海、王自然主编的《中兽医基础》，石继伦主编的《中兽医内科学》，戴永海主编的《中兽医临床技术》，戴永海副主编的《中兽医方剂学》。白紫儒参编的《中兽医学大辞典》2003年获中华人民共和国新闻出版总署"优秀科技图书三等奖"。范光勤、戴永海等"能力教育体系，教学改革成果"，2003年3月获全国农业职业院校教学工作指导委员会二等奖。

为了适应新形势的发展，继承与发扬中兽医理论，将中兽医名著传承下去，山东省聊城市畜牧局李贵兴研究员遵照古为今用的原则，经过整理和筛选，汇编成《中兽医学暨名著精选》《药用植物栽培和动物养殖大全》《中兽医名著与方剂》《中兽药大辞典》等 2 000 万字著作。

三、科研奖励、学会发展情况

山东省农业科学院设立了中兽医研究所，山东省各高等农业院校设立了中兽医教研组或研究室，山东畜牧兽医职业学院设立了中兽医系（药学系），有的地市成立了中兽医研究所，广泛开展研究工作。在全省广大中兽医工作者的努力下，搜集整理出版了大量中兽医经验资料和古籍，编撰出版了一大批中兽医学书籍，同时在中兽医学理论、中药、方剂、针灸以及病证防治等方面的教学、研究中，取得了显著成绩。自 1991 年来，山东省中兽医工作者晋升教授的有徐立、徐延振、戴永海、王清吉等同志。晋升研究员的有范光勤、王成立、李贵兴、单玉和等同志。获科研奖的有郭光纪研制的"禽喘康"1992 年 11 月获山东省科技进步三等奖。1991 年来，为了表彰为中兽医继承、发展、创新做出贡献的人员，2006 年 10 月，农业部暨全国中兽医学会在北京召开纪念《国务院关于加强民间兽医工作的指示》五十周年大会上，山东省徐立、白紫儒、戴永海、刘克儒等同志获"全国中兽医先进工作者"荣誉。

山东省中兽医研究会于 1989 年 10 月在莱阳成立。经山东省民政厅审查，于 1993 年 9 月 3 日正式批准为省级研究会。徐立任理事长，白紫儒、戴永海、果仁义、范光勤、郭世宁、朱和田、冯绪华、李学东、王锡敬任副理事长，王清吉任秘书长。先后在 1990 年 1 月在烟台市召开了第一次学术会议，1992 年 9 月在桓台县召开了第二次学术交流会，1994 年 10 月在青岛黄岛区（原胶南市）召开了第三次学术交流会，1995 年 8 月在青岛黄岛区与全国中兽医学会召开了海峡两岸暨山东中兽医学术第四次研讨会。2002 年 7 月与华东兽医研究会联合在东营市召开了第五次学术交流会。山东省中兽医研究会于 2008 年 8 月 17—18 日在潍坊市举行了第二届常务理事、理事会，会议选举戴永海教授为新一届常务理事会理事长，同时确定了常务理事会副理事长、秘书长、常务理事、理事名单。会议推举范光勤、徐立、白紫儒、王绍森、单虎为研究会名誉理事长，不断地推动省中兽医科研学术和临床应用的发展。同时，山东中兽医研究会挂靠山东畜牧兽医职业学院，《山东中兽医》杂志也由山东畜牧兽医职业学院出版，戴永海教授任主编，自 1991 年来，共发表论文 1 600 多篇，加之发表在全国各家杂志、报刊的论文有 2 500 多篇，发表论文较多的有徐立、白紫儒、戴永海、王自然、冀贞阳、张世奇、郭世宁、王新、李贵兴、王万里、刘翠艳、许占平、陈卫国、张俊德、夏春峰、王本琢、李光金等。李贵兴在2010年主编了《中兽医学暨名著精选》（河北科学技术出版社出版）和《药用植物栽培和动物养殖大全》（中国农业大学出版社出版）；在2011年主编了《中兽医古籍与方剂》（河北科学技术出版社出版），为中兽医药的发展做出巨大贡献。

2009年9月，在聊城市召开庆祝山东省中兽医研究会成立20周年、山东省中兽医2009年学术年会暨中兽药畜牧器械展销会，来自全省的300多名代表参加了会议，并进行了学术交流，评选出2008年度山东省中兽医研究会先进工作者和《山东中兽医》优秀论文作者，进行了表彰。2010年经山东省畜牧兽医局批准，在山东省民政厅注册成立山东省中兽医研究所，戴永海教授担任所长，王中杰任秘书长。2010年8月在吉林省长春市召开的中国畜牧兽医学会中兽医分会2010年学术年会上，山东省选举戴永海、朱和田、王新、褚秀玲、王自然为理事，并且选举戴永海为常务理事。2011年山东省中兽医研究会被山东省社会组织党工委、山东省民政厅评为优秀社会组织单位。华东中兽医研究会于8月11—13日在杭州召开，山东中兽医研究会理事长戴永海委托褚秀玲副理事长做了《山东中兽医药发展史》的专题报告，各科研院所研究人员做了研究报告，推动了山东中兽医的蓬勃发展，受到与会者的一致赞扬。2016年根据山东省畜牧兽医事业发展的需求和山东畜牧业兽医学会章程，决定成立山东畜牧兽医学会中兽医学专业委员会，并确定了第一届主任委员、副主任委员、秘书长、副秘书长、常务理事、理事名单，组成第一届理事会领导班子，这都为推动山东中兽医药传承和发展带来更强劲的动力。

四、人才培养情况

中华人民共和国成立前，山东省有民间兽医5 000多人，绝大多数出身于农村，有诊疗经验，还有很多秘方、验方流传在广大农村，对保护和发展畜牧养殖业作出了巨大贡献，但接受过中兽医系统化学习的人很少，因此在中兽医药理论体系理论创新方面还显不足。

改革开放以来，山东省中兽医进入了一个蓬勃发展的新阶段。在人才培养方面，国家早在1956年就举办了中兽医师资培训班，1970年，全省中兽医师资班在山东畜牧兽医职业学院举办。按地区分班，共四个班，240多人，他们系统地学习了中兽医学知识和兽医学知识。"文化大革命"后，1973—1988年山东畜牧兽医职业学院共招收中兽医专业班级22个，1 200多人。1977—1978年农业部委托山东省在山东畜牧兽医职业学院举办全国中兽医师资培训班，该班分南方班和北方班两期，共 120 多人，全国各大、中专院校的中兽医教师参加了培训。这些中兽医专业毕业的学生，活跃在山东省畜牧兽医战线上，为山东省中兽医的发展做出了突出贡献。1981—1982 年，宁夏回族自治区委托山东畜牧兽医职业学院举办中兽医训练班两期，共 120 多人。同时，为原济南军区、省内举办了多起中兽医训练班、针灸班、针刺麻醉班等，时间长短不一，人数不等，时间最长一年，最短 3 个月。教师自己编写中兽医教材，认真备课，耐心辅导，得到农业部、山东省农业厅领导的好评。先后聘请了于船、蒋次升、邹介正、杨宏道、徐自恭、路步云、彭望奕、李夫基、宋大鲁、王树棠、张殿民、徐立、于匆等高等院校、中兽医研究单位专家教授来校讲学，有效地提高了培训班的水平，这对山东省乃至全国中兽医的继承、发展、创新发挥了重要作用。

目前，山东省各科研院所开设中兽医学教学课程的有山东农业大学、青岛农业大学、聊城大学、临沂大学、山东农业工程学院和山东畜牧兽医职业学院，这些院校引进了一批中兽医硕士、博士生加入教师队伍，更增添了教学科研的活力，培养出了一大批中兽医人才，但中兽医后继乏人现象严重。学校只有中兽医学课程设置，而且学时严重不足。在兽医本科 4 年或 5 年教学中，中兽医课程仅有几十个学时（32~150 学时，一般院校平均在 60~90 学时），大大制约了传统中兽医学的传承与发展。现代集约化的养殖模式和人们对食品安全、卫生安全诉求突出的现状下，亟待利用中兽医学科学技术来解决这些难题和壁垒，因此在学校开设中兽医学专业迫在眉睫。

山东省在培养中兽医人才方面做出突出贡献的教师有郭光纪副教授（1988 年 1 月获农牧渔业部"中兽医事业贡献奖"）、戴永海教授（1993 年 9 月获"山东省优秀教师"和 1999 年 9 月获"山东省十佳教师"荣誉）、范光勤研究员（1997 年 9 月获"山东省优秀教师"荣誉）等。

五、相关政策情况

中华人民共和国建立后，党和人民政府对民间兽医非常重视。在 2001 年春季召开的全国政协九届四次会议教育医药卫生界联组会上，党和国家领导人强调："中医药学是我国医学科学的特色，也是我国优秀文化的重要组成部分，不仅为中华文明的发展做出了重要贡献，而且对世界文明的进步产生了积极影响。要正确处理好继承与发展的关系，推进中医药的现代化。中西医并重，共同发展互相补充，可以为人民群众提供更加完善有效的医疗保健服务"。2004 年，吴仪在全国中医药会议上强调"要努力继续切实推进中医药现代化"。2006年10月，农业部在北京召开了纪念《国务院关于加强民间兽医工作的指示》五十周年暨中国中兽医发展高层论坛会议，代表们重温《国务院关于加强民间兽医工作的指示》，倍感亲切。党和政府在发展中兽医事业上和培养中兽医人才等方面提出了重大举措，为我们提供了实施中兽医现代化的平台，我们会努力把中兽医医药发扬光大。

2009年5月21日，山东省科技厅出台了《山东省中药产业调整振兴指导意见》（2009—2011年），明确的调整振兴指导意见（第三批）包括：粮油加工、乳业及乳制品、烟草、中药、丝绸、皮革、塑料、包装8个特色产业，这对推动山东地区中药产业发展具有积极的推动作用。

《山东省中长期科学和技术发展规划纲要（2006—2020年）》开展畜禽疫病防治与控制技术研究，把新型高效疫苗、疫病诊断技术与试剂盒、新兽药、抗药性检测与消除技术作为重点。

《山东畜牧业"十二五"发展规划》提出山东省要改造创新中兽药传统工艺，推进中兽药理论和生产全过程的现代化，大力发展规模化中药提取和制造企业，构筑中兽药高科技创新平台，加快开发安全、高效、低残留的新型兽药。组建原料药、中药、禽药、畜药、水产药、宠物药和蚕用药等兽药产业技术创新联盟，促进人才培养和新兽药研发。重点支持对市场需求潜力大、能够填补市场空白、有利于提高生产效率、提高生产安全和生物安全水平的新工艺、新成果、新技术的研究和转化。这对山东省中兽医药的发展有巨大的促进作用。

《山东省"十二五"科学技术发展规划纲要（2011—2015年）》中指出，防治动植物重大病（虫）害；研究植物病害诊断、预警和防控技术；加强重大畜禽疫病高效防制技术的研究，开发简便易行、灵敏特异的诊断技术和试剂；研究开发新型生物农药、生物疫苗、新型兽药等生物制品，研制专用原料药、兽药新剂型、中兽药及复方制剂等新产品。

山东省先后制定或修订了《山东省促进科技成果转化条例》《山东省专利保护条例》《山东省技术市场条例》《山东省高新技术发展条例》《山东省科学技术奖励办法》《山东省高新技术产业发展纲要》及《关于进一步加快高新技术产业发展的决定》等法规和政策文件；建立了党政科技进步目标考核制度，形成了科技工作齐抓共管的局面。

近些年，山东中兽医药的发展虽然取得了长足的进步，但仍存在很多不足，例如国家政策对中兽医发展的支持力度不够，中兽医专门人才培养严重不足，新兽药的研发应用创新技术不足，中兽医工作者的临床实践经验不足，无法满足养殖场巨大的技术和产品需求。此外，传统中兽医药知识遗产保护不足，导致传统经方、验方、古方大量流失，因此亟待开展补救工作。

第二节　山东地区中兽医药资源抢救工作

主要搜集整理了一些中兽医药处方验方和中兽医诊疗技术内容，此外，还包括一些现代药材栽培种植研究结果[*]。

一、搜集的传统验方

对民间中兽医工作者的验方进行整理，获得验方 15 个，汇报如下。

（一）风寒咳嗽（民间中兽医工作者杨玉春于 1966 年 3 月 18 日记录）

（1）炙冬花 5 两，川贝母 4 两，炙杏仁 6 两，马兜铃 4 两，瓜蒌仁 7 两，广橘红 4 两，半夏 4 两，防风 5 两，炙甘草 2 两，共为末，蜂蜜 2 两，加水同灌服。

（2）淡半夏 1 两，百部 1 两，枇杷叶 8 两，杏仁 8 两，豆豉 2 两，防风 2 两，荆芥 8 两，葱白 1 两，水煎服。

（3）知母 2 两，浙贝 8 两，款冬花 1 两，桔梗 5 两，陈皮 5 两，旋复花 5 两，共为末，加水调服。

以上为治疗咳嗽方药，随症加减，如鼻流涕加苏叶 3 两，瓜蒌 8 两，桑皮 4 两，杏仁 8 两，白芷 5 两；放屁漏粪加苏子 5 两，白芥子 5 两，莱菔子 5 两，青皮 4 两，枳壳 6 两，广木香 4 两；前蹄刨地头触地加茯神 5 两，菖蒲 4 两，瓜蒌 8 两，厚朴 4 两，当归 5 两。回头看左肋，加柴胡 5 两，青皮 5 两，藿香 4 两，苏叶 3 两，乌药 5 两；回头看右肋，加苍术 5 两，柴胡 5 两，青皮 5 两，厚朴 4 两。口吐黄涎加半夏 5 两，茯苓 5 两，干姜 3 两，枇杷叶 4 两；后蹄悬空加破故纸 5 两，五味子 5 两，茴香 4 两，苍术 5 两，柴胡 5 两。小便遗尿加益智仁 5 两，黄芪 8 两，巴戟天 5 两，续断 6 两，破故纸 5 两。

---

[*] 本节所选处方验方有部分为古方，因年久失传，难以考证，其方仅供参考。

（二）羔羊痢疾（民间中兽医工作者杨玉春于 1966 年 3 月 18 日记录）

病因：常发于产羔季节于产羔前后的气候变化，羊圈的卫生、消毒不严及母羊营养不良等。

症状：多在产后 1~4 天发病，有的排黄绿色或乳白色黏稠、恶臭的痢便，有的粪便鲜红色或红褐色，黏稠，食欲废绝，有的突然倒地昏迷，口吐白沫或清水，腹胀，抽搐。

处方：加味大承气汤。大黄 2 两，芒硝 5 两，川厚朴 2 两，枳实 2 两，甘草 2 两，酒黄芩 2 两，焦山楂 2 两，青皮 2 两。

用法：用 400mL 水煮至 150mL，然后加入芒硝。病初每羔服 15~30mL，将药加温徐徐灌下，仅服 1 次，6~8h 后再服乌梅汤。此方适用于拉稀的初期。

（三）偏次黄（炭疽，微山县　宗文和）

原因：多因喂养太肥，劳役过度，谷料热毒，集于肠内，淤血痞气，粘在胸中，三焦壅热，营卫相攻，淤血凝于心肺，加之春季未彻六脉之血，夏季失灌消黄药剂，外感疫邪之侵，内受淤血壅凝于心肺，溢注停滞，发于臆上、腹下等处而生黄肿。

病状：急者初现如卵形，逐渐膨大，软而不痛。或在胸膛或在臆旁，家畜头低耳搭，呼吸喘粗，口色赤紫，脉呈散乱，体温增高，喉咙肿者，伸头直项；腹痛者，举动不定，不时回头顾腹，伏卧于地；孕畜患此病常有流产的可能。牛患此病，喘粗流泪，停止倒沫，失神呆立。重者昏睡，舌色红紫，立即倒地而死。

处方：犀角五钱，黄连五钱，黄芩 1 两，黄柏 1 两，生地 1 两，知母 1 两，花粉 1 两，柴胡 5 钱，胆草 1 两，郁金 5 钱。

制法与用法：共用细末，开水冲调。候温一次灌下。

（四）木舌、托腮黄（牛放线菌病，山东省民间兽医代表会）

原因：劳役过度，热伤心经，外串于舌，其淤血壅毒，结聚于舌体而成木舌。

病状：腮骨肿大，发热，呼吸困难，舌肿胀如硬木，伸于口外，不能缩回，涎沫滴流，草水不下，头伸项直，脉呈洪弦。

处方：大黄 1 两 5 钱，栀子 1 两，苦参 1 两，花粉 1 两，芒硝 2 两，黄药子 1 两，茵陈 1 两，薄荷 1 两，连翘 1 两，生地 2 两，川贝 8 钱，黄连 8 钱，甘草 6 钱。

制法与用法：熬煎或研为末，开水冲调，冷后混入鸡子清 10 个。一次灌下，外用井泥加芒硝 1 斤，抹于患处，并要勤换。

（五）烂肠瘟（牛瘟，山东省民间兽医代表会）

原因：黄牛、水牛、公牛、母牛、强牛、弱牛，均有发生，多发生于冬春季节。多因皮肤暑热久积，如遇寒即感邪毒（现代兽医学上的病毒），邪毒伤于肝胆而发病。

病状：初期反刍减少，或完全停止，大便干燥，浑身发热，继则四肢发抖，精神倦怠，拱背夹尾，口内发热，呼吸渐渐困难，耳垂目沉，鼻镜干燥带有裂纹，以后大便下痢带血，不断呻吟，口内发凉或发生溃烂，流清涎，尾脉不动即死。

处方：黄连 8 钱，大黄 8 钱，连翘 8 钱，苦参 8 钱，地榆炭 8 钱，炒栀子 8 钱，黄柏 8 钱，花粉 8 钱，升麻 8 钱，甘草 8 钱。

制法与用法：共为细末，开水调匀，候温一次灌下。

（六）马流行性感冒（山东省民间兽医代表会）

原因：气候突变，或使役过重，栓与潮湿的厩舍，或夏季阴雨季节，感受风邪所致，按现代兽医科学，为病毒感染所致。

病状：流鼻涕，淌眼泪，眼皮肿，发热炸毛，有的腿瘸；有的在腹下皮肤发生肿胀，行动不稳，饮食减少，精神不好；有的粪便带稀，孕畜有流产的可能。

处方：藿香 5 钱，桔梗 5 钱，槟榔片 3 钱，白芷 4 钱，紫苏 4 钱，茯苓 4 钱，厚朴 4 钱，草果仁 4 钱，陈皮 4 钱，半夏 4 钱，丁香 2 钱，苍术 4 钱，黄芩 5 钱，知母 4 钱，砂仁 3 钱。

制法与用法：共为细末，开水冲调，候温一次灌之。

（七）猪喘病（历城县 马更新）

原因：猪喘病古书未有记载，现代兽医学认为是滤过性病毒所致，主要由呼吸道感染病毒。病猪咳嗽时，病毒随着喷出的飞沫喷出，健康的猪吸入含有这种病毒的飞沫而感染本病（任何年龄的猪都能感染）。一年四季均有发生。在饲养管理不善、生活条件差、猪群拥挤的情况下，易发本病。猪得了本病后，发育迟滞，有时因诱发并发病而死亡。本病的暴发和病情的恶化与饲养条件关系很大。

病状：本病的主要特点是侵害呼吸道。病猪体温、食欲、精神一般变化不大。病初先是短粗的咳嗽，呼吸次数的增加不明显。随着病情的发展，呼吸数逐渐增加，每分钟在 60~80 次，严重者达 100 次以上，且呈明显的腹式呼吸，此时病猪喜站立，低头，有时有鼻鼾音，肋骨明显举起，伴有长而湿的咳嗽，尤其在早晚更甚。鼻有浆液性鼻液流出。听诊肺部，初期有支气管音，以后能听到湿性的啰音。在病的过程中，被毛粗乱，营养情况差，生长不良。后期有体温升高及食欲减损或废绝的情况，有时发生腹泻。

处方：杏仁 1 两，双皮 1 两，甘草 5 钱。

制法与用法：共为细末，30 斤*的猪，每次 5 钱，每天用苦参 1 斤加入水 8 斤，煎熬到 6 斤，冷后灌服，每次用 0.5 斤的苦参水，同药一起服下。要多服几次，至痊愈为止。

（八）小猪白痢（山东省民间兽医代表会）

原因：因饲养管理不善，吃了不洁的饲料，或因气候变化感受寒湿而引起。

病状：精神不好，不愿吃食，粪便很稀，呈乳白色或灰白色，肛门或尾巴附近，沾满了稀粪。严重的体温升高，经 2~3 天，突然死亡。但大部呈慢性，病猪迅速消瘦，皮毛污秽，精神萎靡不振，呆立不愿行动，死亡率在 50% 左右。

处方：乌梅 1 钱，柿饼 1 钱，黄连 1 钱，柯子肉 2 钱。

制法与用法：共为细末，开水调匀为酱状，用小木板抹入口中。

（九）马瘦虫（马胃蝇病、马蛀，即墨区 侯惠昌）

原因：马蝇喜在马身上产卵，马啃痒时，将卵吞食，卵在胃内发育成幼虫（称马蝇蛹或瘦虫）。幼虫头部钩着胃，以致胃壁受损。

病状：由于幼虫伤害胃壁及分泌毒素，使胃的机能减退，引起消化不良，病畜瘦弱贫血。

处方：麻种子 3~4 斤。

制法与用法：将麻种子炒黑，混入饲料内喂之。初喂时每顿 5~6 两，以后逐渐增加用量。

（十）胎衣不下（章丘区 赵长庚）

原因：母畜营养不良，体力和气血虚弱，子宫黏膜及胎盘发炎，肿胀，或子宫收缩

---

* 1 斤 =500g，1 两 =50g，1 钱 =5g，1 分 =0.5g，1 厘 =0.05g。

力减弱。

病状：小驹产下后，胎衣仍不下，有时腹痛，排尿困难，脉沉迟，口色绵白。

处方：当归1两5钱，川芎1两，桃仁2两，甘草5钱。

制法与用法：共为细末，开水冲调，一次灌服。

（十一）奶黄（乳房炎，费县 见凤和）

原因：饲养不良，吃了过干的草料，而又失饮；挤奶时伤了乳房；脏东西侵害乳房等原因，都可能发生此病。

病状：初期奶子发热，肿胀；有的在乳房里头有大小不一的破溃，流出污秽的臭水。

处方：川军1两，栀子1两，连翘1两，桔梗1两，黄芩1两3钱，元参1两，双花1两，薄荷1两，甘草1两。

制法与用法：加水熬煎，一次灌之。

（十二）难产（山东省民间中兽医代表会）

病原：因胎儿过大，母畜老弱，骨盘受损，胎位不正，肿瘤，母畜内伤，损害胎儿等原因造成。

病状：母畜烦躁，苦闷，站立或卧于地上呻吟，向后使劲，阴门流出羊水，有的微露胎儿。

处方1：当归、没药各2两，海带、漏芦、穿山甲（炙）各5钱，荷叶3个，红花3钱。

制法与用法：熬煎或研为细末，开水冲服。

处方2：当归1两，杭芍8钱，熟地1两，川芎、麦冬各8钱，牛膝1两，川断、杜仲、莱菔子各8钱，甘草6钱，红花1两（邹平县邵士杰）。

（十三）胎气腿瘸（平原县 郑日信）

病原：妊娠的马喂养失调，血气两亏，血液循环受到阻碍，而发生此病。

病状：步行难移，精神不振。产驹后一般即能痊愈。

处方：当归、川芎、杭芍、云苓、山药、桃仁、红花、台参、黄芪、甘草、炮姜各4钱。

制法与用法：共为细末，黄酒 0.5 斤为引，开水灌之。

（十四）肿痛（炎症，莱阳县　张文杰）

病原：多因打伤、踢伤、扭伤、烧伤、冻伤、中毒或传染而发生。

病状：主要是红肿、疼痛、发热、受伤部位功能发生障碍，常见的以局部肿胀、疼痛、发热、瘸腿的为多。

处方：当归 8 钱，南星 4 钱，白芷 5 钱，防风 4 钱，乳香、没药各 8 钱，血力花 6 钱，桔梗 5 钱，白附子 4 钱，毛姜 5 钱，桂枝 4 钱，木瓜 3 钱。

制法与用法：共为细末，黄酒 1 斤为引，开水冲灌。若后部受损，本方减桂枝、桔梗，加土元 5 钱，续断 5 钱，自然铜 4 钱，边桂 4 钱。

（十五）肠炎（德州市　宋永祥）

病原：当归 1 两，木香、槟榔 6 钱，砂仁 5 钱，小茴香 1 两，良姜 8 钱，附子 5 钱，皂角 6 钱，枳壳 6 钱，川朴 5 钱，三棱 9 钱，赤芍 8 钱，二丑 1 两，泽泻 5 钱，云苓 5 钱，木通 5 钱，甘草 3 钱。

制法与用法：共为细末，黄酒 1 斤为引，开水灌之。

二、搜集中兽医药资源信息

共搜集中兽医药资源信息 107 条，其中中兽药诊疗方法 81 条，山东中草药种植相关信息 8 条，山东中兽医学会发展情况 3 条，中兽医药诊疗技术相关书籍共 15 册。

（一）中兽医诊疗方法

主要搜集了疾病的诊治方法和处方等。

1. 家畜喝人尿中毒

（1）病因。家畜偷喝过多人尿导致中毒。

（2）症状。呈醉酒状态，头向下斜，眼发红，行走乱撞，身体左右摇摆，腹部胀满，呼吸困难，严重的突然倒地，四肢乱蹬，数小时后死亡。

（3）处方。①白糖、白矾、石膏、烟叶各 4 两，水煎服；②金银花、连翘各 8 钱，牛子 5 两，苍术 1 两，当归 8 钱，甘草 1 两，共为细末，开水冲服；③绿豆适量研末水冲服；④石灰 2 斤，用两盆水化开澄清，除去石灰渣内服，并在病畜身上由前向后按摩；⑤大葱1斤，捣烂加水3~5斤灌服；⑥干葛粉半斤，温开水冲服。

2. 马肠炎

脱水后输液出现输得越多脱水越厉害、心脏越坏的现象。341团1967年病了一匹肠炎马，输了林格氏液加糖盐水一百多瓶，结果药马两空；1965年给海龙县中学治疗一匹肠炎马，输液输了很多，结果马还是死了，原因在于肠炎脱水，主要是血管里的液体进入肠管，输液导致液体跑到肠管里更多，造成"蚁穴溃大堤"，使水的逆流循环出现缺口，越冲越大；后来采取口服1%盐水后，先输一些等渗液，待脱水的严重性缓解后，输入大量的25%葡萄糖1 000~1 500mL。几年来，利用此法和中药治疗结症继发肠炎马32匹，全部治愈。

附补泻汤（已在全师推广两年）：当归、知母1两，红花5钱，黄柏1两，石膏5钱，枝子、黄连1两，茵陈1~3两，蒲公英1两，竹叶5钱，车前穗1两，泽泻5钱，双花1~3两，柴胡、云苓、白芍5钱，茶叶1~3两。

3. 牛产后胎衣不下

切忌盲目举动，内伤子宫和内肾，可用以下方法。

（1）脱花煎。当归8钱，川芎、赤芍、红花、牛膝、瞿麦各3钱，肉桂5钱，共为末，引黄酒一盅，童便半碗。

（2）佛手散。全当归3两，川芎5钱，龟板5钱，益母草、枳壳3钱，共为末，引青莲叶1个，黄酒半碗，童便半碗。

4. 牛子宫脱垂症

是由元气虚脱下陷所致。用洗方文蛤汤，五倍子、川椒1两，白矾3钱，蛇床子1两，煎汤洗患处后，用香油抹手施行手术。

5. 马肺肾两亏症

虚极之症，以五脏关联与作用言之，即所谓：母子不相生，乃子亏母亦亏也。其症起源：或由于积劳最深，或因肺部患病时间过久，而未复原，从而转为此证。又因脾不能滋生肺气，肺亏而肾亦不安，内经云："水火不能既济"，即肺肾两亏之所由成症也。治法：补肺气滋肾水为主。将理肺散、秦艽巴戟散、双补散三方合并灌之，久治可愈。

6. 双补散

山栀1两，黄芩3两，百部、天冬、寸冬、款冬花、小茴香、二母各3钱，青皮3钱，川楝子4钱，秦艽、甘草、干姜、元桂各3钱，引黄酒1盅，每剂加白砂糖4两。用于治疗肺肾两亏。

7. 喉骨胀症

热毒所致。乃骡马三喉症中之一，为较剧烈之病。其症发生在咽喉食槽处，结为硬肿，与素桑黄发生部位虽同，但桑黄紧而此症则缓也。岐伯疮黄论曰："硬者为毒，软者为黄"，实则毒缓而黄急也。又有生于腮畔颊旁者，亦属此症。其致病者，率多年少之四、六岁幼畜。缘肺经感受秽毒疫邪，兼以膘肥体壮，劳逸不节，内外邪合而成此病。治法：以泄肺热，清咽凉膈为主。在初期用清咽凉膈散货雪花散二三剂，喉肿不散，转入中期，用黄芪散加穿山甲、二花、皂角刺催脓之味，并用六神丸50~100粒，京制梅花点舌丹10粒，外敷捆仙绳。务宜辨清各期症变，依法用药，病可愈也。

8. 黄芪散

生芪、当归4钱，牛蒡子3钱，玄参1两，花粉4钱，射干、山豆根3钱，川连4钱，黄柏3钱，黄芩4钱，玉金3钱，二花1两，出脓加山甲3钱，白芷3钱，皂角刺7个，生甘草2钱，桔梗、山栀3钱，连翘4钱。共为末，引蜜4两，鸡子清4个，童便半碗。用于治疗喉骨胀症。

9. 九马癞

马癞是由癞虫寄生在马体而发生的，癞马皮肤上生的疙瘩、脓疱和落下的白皮及毛上，都有这种虫子存在，这种虫子亦称疥癣虫。治疗采用以下方法。

（1）生石灰8两，硫黄1斤2两，水20斤，将水倒入生石灰中，搅拌成稀粥状，然后加入硫黄，混合搅拌，再缓缓倒入水中，一面加热，一面继续搅拌，倒完再煮1~2h，变成琥珀色，取出澄清即成。药冷后取其澄清液，每3天擦1次，到三四次以后皮肤即要起干裂，最好再擦一些豆油，这样七八次以后就可治好。

（2）硫黄散。硫黄1两，椿白皮1两半，川花椒、苦参、白鲜皮1两、枯矾3两，共为细末，猪油调和擦之。擦药方法：将毛剪去，用大艾、花椒水洗净抹干涂擦。

10. 牛水草肚胀症

牛吃秋末二茬苜蓿、烂斑的红薯蔓等霉酵恶草，或饱食秋冬带露霜的麦苗草，均可引起肚胀。治法：宜消涨通气疏导为主。药用黄芪散，并用火针取脾俞、长强等穴，白针刺耳、鼻、玉堂出血，再用袜汗汁、牙皂末取嚏、旱烟精点眼、椿棍唧口等法急救。处方如下。

（1）黄芪散。生芪1两，地黄4两，芒硝4两，枳实5钱，玉片5钱，川朴3钱，滑石1两，条芩4钱，榆白皮1两，麻仁1两，千金子2两，生甘草3钱，玄明粉2两，以上药共为末，引蜜4两，猪脂油半斤。

（2）袜汗汁。袜汗汁一碗，食盐 1 两，米醋半碗，黄蜡 1 两，共调一处灌之立愈。

（3）牙皂末取嚏。牙皂一个为末，吹鼻内取嚏，即消胀。

（4）旱烟精点眼。旱烟屎少许，点病牛大眼角内，揉泪下即愈。

（5）椿棍啣口。椿木树棍啣口内，以取口液咀嚼消胀，甚见效验。

11. 鸡新城疫

诃子 1 两 5 钱，花粉 1 两，黄芩 1 两，石膏 1 两，贝母 1 两，白矾 1 两，黄柏 1 两，桔梗 1 两，大黄 1 两 5 钱，枝子 7 钱，甘草 5 钱，共为末用白开水冲成糊状，每只鸡 5~7 钱，每日 2 次，三天内吃完，随时给 0.1%高锰酸钾水。

12. 仔猪白痢

狗骨头烧炭 4 钱，儿茶 5 钱。将狗骨头烧成灰，掺上儿茶，拌料饲喂，连服 2~3 次见效。

13. 牛肚胀

苦参 1 两 5 钱，胆草 2 两，猪胆汁 3 个，醋半斤，香油半斤。将苦参、胆草研成细末，开水冲入胆汁，加醋、香油混合灌服。

14. 毒蛇咬伤

臭虫 21 个，皮板虫（鞋底虫、湿虫）21 个，白糖少许，分别研末，混合在一起，温水灌下。

15. 食物中毒肚胀

牛吃高粱苗、蓖麻叶等中毒胀肚，起卧不止。生绿豆半斤，铁锈 2 钱，甘草 2 两，擦桌布汁若干，袜汁若干，研末灌服。

16. 羊痘

双花 3 两，青皮、胆草 8 钱，黄连、石膏、知母、柴胡、川军、陈皮、甘草 5 两，牛子、连翘 1 两，升麻 4 两。共为末，大羊 1 两，小羊 5 钱开水冲服，如体温不下降，注射青霉素 20 万单位或 5%红霉素 20mL 一支，患病羊隔离，防止扩大传染。

17. 误用泻剂过量以至于泻下不止

当归 6 钱，党参 1 两，诃子 1 两，茯苓 8 钱，甘草 8 钱，陈皮 6 钱，灯心草 6 两，共为末冲服，在治疗期间要饮用猪泔水或红高粱面粉，忌冷水和吃难消化的东西。

18. 慢性胃肠卡他症状

倦怠无力，结膜苍白带黄染，异嗜，消化不良，口腔黏膜干燥，颊腔内有多量黏稠放甘臭味。肚腹卷曲，粪便干燥，表面附黏液，有时下痢。处方：肉豆蔻、紫油朴各 5 钱，公丁香 8 钱,炒茴香 1 两。共为末,开水冲服,隔两天一剂(山西沁县兽医院经验方)。

19. 单蹄兽火鼻子处方

香油、食盐半斤,鸡蛋清 10 个,蜂蜜 4 两,小米汤 4 斤为引。用法:将上药装在酒坛里盖严,用绳子系到井里,经过一昼夜取出,分两次灌服。服用后多数身上发抖,约经半个小时就能恢复元气。

20. 破伤风、揭鞍风处方

麻黄咀 1 两 5 钱,口防风 2 两,炒天虫 2 两,净虫退 1 两 5 钱,乌梢蛇 1 两,威灵仙 1 两 5 钱,川羌活 1 两,大独活 1 两,全当归 2 两,红花毛 8 钱,明雄黄 7 钱,酒文军 1 两 5 钱,元明粉 2 两,大葱 5 根,黄酒 1 斤为引,共为末。治法:水煎温服,浓煎两次灌服即可,如病重口紧用薄荷冰 2 钱,阿司匹林塞在嘴里,把头吊平,让药物慢慢咽下,现将天南星、防风 1 两共为细末,取一半撒到伤口上,用烙铁烙,其余一半用黄酒冲服,药后,结合针治,并用酒、醋灸之。

21. 通晓阴阳歌

未有万物号无极,无极之后太极称,太极动阳并阴静,故曰天动地静然。万物统领为阴阳,四季气候为转变,春暖阳万物生,夏热万物阳极长,秋凉阴始万物收,冬寒阴极万物藏,变化万物生杀事,总与阴阳不分离。水为阴来火为阳,上阳下阴相对称,推之阴阳数不尽,总归对立互相称。牛体之上配合中,背阳外阳六腑阳,内阴腹阴五脏阴,清阳之气出上窍,下行二窍号浊阴。清阳能实牛四肢,浊阴内藏五脏中,亢进牛病阳邪盛,阴盛牛疾定沉静。病虽有阳症阴疾,药有寒热阴阳分,寒热温凉药四性,只是阴阳两纲中,浮升之药能发散,此为清阳腠理开;沉降之药能泄泻,此为浊阴下走通。辛散甘温为阳药,酸苦药味下泄阴。药味为阴气为阳,其中厚薄阴阳分,味厚阴中之阴药,味薄成为阴中阳;气厚为阳中之阳,气薄为阳中之阴。热病寒药阴治阳,寒病热药阳治阴。阴阳协调真气旺,邪气焉能入体侵,阴盛阳弱体生寒,阴衰阳亢热炽盛。要使牛体阴阳平,全靠人把牛养喂,阴阳歌诀虽几句,辨证论治不能离。

22. 五行生克歌

原有木火土金水,相互生克称五行。木能生火火生土,土生金来金生水,水生木来生长茂,此谓五行互相生。木克土是根入地,土克水见堵洪堤,水克火炎不再盛,烈火锻炼金自熔,金克木头斧劈薪,五行相克世上存。肝属东方甲乙木,心属南方丙丁火,肺属西方庚辛金,肾属北方壬癸水,脾属中央戊己土,此谓五脏配五行。五脏五色并五味,五时五其五行中,肝胆青色与酸味,春风温暖树木青;小肠属火合苦味,夏季暑热并赤色；秋燥属金配辛味，白色号称配大肠；冬寒黑色海水咸，膀胱属水配合肾。胃土味甘合黄色，一年四季无定位；五行相克配脏腑，五色异常疾病生，临证辨别须仔细，五行之中用心推。

23. 医牛辨证歌诀

医牛必须先辨证，阴阳二证为总纲，望闻问切称四诊，综合分类八证论，寒热虚实表里证，邪正二证再加上。寒证本是阴胜阳，风寒湿邪三气伤，寒凝气血循行慢，脉象沉迟不顺畅，浑身恶颤是怯寒，耳鼻冰冷口青黄，起卧不安肠内痛，回头望腹不出汗，腹鸣如雷是泄泻，冷水冻草胃内寒，辛甘苦味健脾药，葱酒发散定无恙。热证本是阳胜阴，暑燥火气三因侵，热盛气血循行快，脉象洪数体温升，口内红赤并做渴，见水急饮热气深，神乱昏迷头低下，大便干燥排粪难，小便短赤有痛感，血热淤滞生黄疸，清凉解热解毒医。通利二便药相随，虚症本是身体虚，久病气血局伤败，饥饱劳役由内起，身体消瘦脉象迟，毛枯翻乱肌肉减，四肢虚肿步不稳，头低耳搭精神少，咳嗽连声流鼻涕，眼光迟滞色无光，大汗大泻病末期，处分用药扶正气，正气旺盛邪气除。实证之病为结实，结在体中生苛杂，皮肤结实生黄肿，肌肉结实生痈褚，筋结胀长骨有结，咽喉结实则闭塞，肠胃结实粪不通，小便结实尿淋滴，结实之证多疼痛，残留不除实转虚，医治实证不一定，根据辨证再论治，表症本为体外生，风寒暑湿都可能，寒热虚实表证分，各项症状可以辨，表寒皮冷口生白，口热无汉颈背硬，表热身热口亦热，耳热筋热透至尖，角尖温热口色赤，表虚自汗脉浮弱，表实恶寒身发颤，脉浮有力不出汗，里证本是体内生，表征入里病转深，里有寒热并虚实，临症看病要分清，里寒泄泻口不渴，口舌青白四肢冷，里热口渴急饮水，口舌赤黄又发热，里虚呼吸力短浅，头低耳搭少精神，里实腹满而结实，便秘喘气脉沉强。邪症即是不正常，原因不同分阴阳，热侵心神沉阳邪，狂走急奔不停脚，浑身肉颤眼又急，东西乱撞逢人斗，精神恍惚体流汗，阴邪之症行走痴，首项偏斜头垂地，痰迷心窍倒地上，宁心镇神治阳邪，阴邪治疗用麝香。正证牛体是健康，喂养适宜气血旺，劳役合理不太过，夏凉栅来冬暖栏，夏不受暑冬无寒，调养得宜寿命长。

24. 表散风寒药歌

麻黄性温味辛苦，心肺膀胱大肠经，解表发汗去风寒，主治无汗身恶颤，咳嗽喘息骨节痛，四肢六钱牛用量。桂枝性温味辛甘，性入肺心膀胱经，发汗解肌温经络，主治外感风寒病，咳逆项脊风硬痛，牛用四钱至八钱。荆芥性温与味辛，行走肝肺入两经，祛风破结能发表，主治外感风发热，头重淤血咽喉痛，牛用四钱至一两；防风性温味辛甘，肝胃脾胃膀胱经，发表祛风又胜湿，主治头重相脊硬，四肢拘急眼红赤，牛用四钱至一两。细辛性温味辛烈，入心肺肝肾四经，散风驱寒行气水，主治头重窍孔塞，风湿痹痛咳上气，牛用三钱至五钱。紫苏性温味又辛，性入肺脾走二经，发散风寒宽胸气，主治外感风寒病，胎动不安冷气痛，牛用六钱至两半。藁本性温又为辛，性入膀胱这一经，散风去寒有胜湿，主治头重腹内痛，痈疽溃疡塞脓，牛用四钱至一两。葱白性温又味辛，性入肺卫走两经，发散风寒能活血，主治外感与痢症，腹内冷痛和乳痈，牛用八钱至二两。白芷性温又味辛，性入肺胃大肠经，表散风湿能活血，主治头重皮肤燥，痈疽腐毒农作痛，牛用五钱至一两。

25. 表散风热药歌

柴胡味苦性威汉，肝胆心包三焦经，发表和里能退热，主治寒热往来病，目赤昏晕与头重，牛用五钱至八钱。薄荷性平味辛凉，性入肝肺经内，表散风热能发汗，主治头重又发热，咽喉肿痛眼又赤，牛用六钱至两半。豆豉性寒又味苦，性入肺胃两经内，解表寒热调中气，主治热病初起时，寒热不安头又低，牛用八钱至二两。升麻性温味甘苦，入脾胃肺大肠经，散风解毒能升阳，主治时疫头重低，中气下陷肛脱出，牛用五钱至二两。葛根性平味甘辛，性入脾胃两经内，解肌退热生津液，主治口渴身大热，头重脊强泄下痢，牛用六钱至二两。牛蒡子寒味辛苦，性入肺胃两经内，疏散风热能解毒，主治外感风热病，咽喉肿痛与痈疽，牛用四钱至一两。桑叶性寒味苦甘，性入肝肺两经内，散风清热能明目，主治表证热咳嗽，头重目赤眼泪出，牛用六钱至两半。蝉蜕性寒味咸甘，性入肝肺两经内，表散风热解惊悸，主治风毒身抽搐，头风眼内生翳膜，牛用四钱至八钱。辛夷性温又味辛，性入肺胃两经内，散除上焦风热邪，主治鼻汁流脓出，头重面肿鼻不通，牛用四钱至八钱。

26. 论治法则歌诀

牛有疾病要早医，医治得法疾病除，针药能够扶正气，正气旺盛病邪无。病有千变与万化，论治法则可对付，未治之前要辨证，辨证准确谕治正，追求虚证为何虚，实证原因何处来。虚则补法实证泻，疏通气血阴阳平。寒则温之热则凉，逆者从治从者反，急治其标慢治本，内治用药外治针。前人留下论治法，临症运用要灵活，个将论治编成歌，后学之士可指正。

27. 内治八法歌

内治之中一汗法，用药发汗开腠理，病邪随汗出皮外，驱出表邪不入里，汗法适用病在表，病邪入里不适宜，表证又有寒热分，发汗解表药不同，表证是寒用麻黄，桂枝细辛与生姜，荆芥防风拜紫苏，苔本相随酒和葱；表热发汗药辛凉，薄荷豆豉与葛根，升麻菊花都可用，蝉蜕桑叶与柴胡；若是表证伴内病，根据症状开处方，呕吐下痢和失血，使用汗法不相适，夏季不宜辛温药，毛孔舒张汗易出，牛体发汗不显著，确有表证要配方。二是吐法用药催，引导病邪从口出，凡是毒物停胃内，冷涩壅塞积胃脘，病情严重急迫症；下未到肠上不通，此时运用涌吐药，舒滞解结宣气机，吐法药用有瓜蒂，胆矾藜芦药相随，吐法本是急救法，用之不当损元气，患畜身形虚弱瘦，母畜怀孕产后期，出血过多宜仔细，使用吐法不适宜，若是错用涌吐法，不收疗效还会夭。三是下法攻结滞，排除蓄积能消实，寒下温下两类药，按病性质配下剂，寒下方内苦寒药；温下辛温药配方；病畜体质有强弱，病势轻重缓急分，下药峻下缓下别，寒症热症要辨清，体强病急肠结症，下方适量加巴豆；体虚病慢便秘症，郁李麻油火麻仁；水停体内尿又少，车前木通牵牛子；瘀血蓄积内成疾，桃仁红花蓬莪尤；湿痰壅积气管内，半夏南星与瓜蒌；肠胃有虫又便秘，贯众槟榔使君子；下法虽然是常用，使用不当有流弊，体虚津干便秘症，母畜怀孕产后期，不可峻下要注意，表邪未解不可下，半表半里有呕吐，凡遇有此宜慎重。四是和法治疾病，均衡阴阳调偏盛，邪不在表不在里，半里半表病邪存，表证可汗里可下，表里之间用和法，和解之药依病情，寒热虚实来决定，寒热往来用柴胡；胸胁蕴热黄芩和；劳伤自汗配党参，补中益气扶正虚；翻胃吐草表里证，干姜半夏益智仁；表里之间已化燥，配方之中加芒硝，使用和法须注意，表证里证都不宜。五是温法去沉寒，温中祛寒除阴冷，根据病情当体质，温热之药配成方，口色青白拉稀粪，腹内冷痛又恶寒，四肢厥冷伏卧地，肉桂附子与生姜，挽救失去的阳气，回阳救逆祛阴寒。

28. 扭筋病因

失脚扭伤。治法：五加皮、八棱麻、见肿消、棉籽、樟树根、苎麻兜、白皮，和酒捶烂，天热冷敷，天冷热敷患部。

29. 罗膈损（横膈膜痉挛）病因

负重急行，保肚努伤，或起卧跌伤。特征：两胁跳动，出气多，入气少，头低鼻炸，行走拘束，水草不进。治疗：朱血竭8钱，制乳香8钱，制没药8钱，全当归1两，川芎5钱，骨碎补1两，刘寄奴6钱，乌药5钱，白芷5钱，广木香5钱，杏仁8钱，桔梗5钱，川贝母5钱，青皮5钱，陈皮5钱，甘草3钱，共为细末，灌服，童便一壶为引（中兽医诊疗经验第二集，裴耀卿，1958年）。

30. 牛肺扫症（气肿疽）病原

内伤劳役失度，心经积热，肺气不能舒畅，血脉不能流通，气血阻滞失调，邪秽瘀滞于皮肤肌肉之间，外伤邪热袭击，传至五脏，而发此病。病状：病牛发烧，不吃草，停止反刍，气喘涎多，背、腰、肩、胸、颈等处皮肤肿起，触之有捻发音，切开肿胀则有黑红色之浓汁，内含有气泡，并有特殊臭气，蔓延很快。处方：栀子7钱，黄芩7钱，黄连7钱，大黄7钱，花粉7钱，鸡子清10个。制法与用法：上药为末，开水冲服，冷后加鸡子清，一次灌服。针灸：火针肿处，针百会、脾俞等穴；血针四蹄血。

31. 苗瑞芝接骨验方

人或动物四肢骨折。母白乌鸡1只，特征是头、舌、腿都是黑色，全身白毛者，先将全身毛活拔干净，连肠带肚一齐用，放在石臼内，捣成肉泥，越快越好，以手研开捏无骨头渣为度。再入下药，搅匀捣和。生乳香7钱，生没药7钱，明天麻8钱，自然铜8钱煅，麝香1~3分，年老日多的生用，年少日浅者微炒，用砂锅，不用铜铁炒勺。骡马不论老少，日期多少，都生用不炒。上药共研极细末。如有破伤再加象皮4~5钱，黄土炒焦，无破伤者不用。如膝盖骨折碎，可加虎膝骨一个。50岁以上的人另加乳香、没药各3分，天麻、自然铜各4分。15岁以下的小儿，乳香、没药、天麻、自然铜、麝香按原标准分量减半使用之。如乳香7钱，减用3钱半。按伤处的大小，可用黑布一块，将药调铺薄层，包于患处周围，外用小竹板固定。包扎24h为度，小儿包扎23h为度，就要将药布去掉，如时间过长，恐将骨头软化。用过的药布，要深埋，如猫狗吃上，恐中毒致死。上药后4h左右，患部如虫窜动。上药前，现将骨整好，如痛得不行，可注射局部麻醉药。下药后稍有不平处，可即时轻手按平，因为这时骨软。另用布包，休养一个月即好。

32. 小狗尿血方

当归5钱，生地5钱，红花3钱，知母5钱炒黑，黄柏5钱炒黑，地榆5钱炒黑，熬水灌服。

33. 马骡四季保健药

春季茵陈散，此药在2月可服，春天脱毛早，夏暑不上火。茵陈、连翘各5钱，桔梗4钱，木通、苍术6钱，柴胡4钱，升麻3钱，青皮5钱，陈皮5钱，泽兰叶4钱，荆芥3钱，防风3钱，槟榔5钱，当归6钱，二丑6钱，共研末，麻油4两为引灌服。

34. 母马胎风病因

气血亏损，站立屋檐下及迎风处，贼风乘虚而入皮肤肌肉，传于经络。症状：腰腿瘫痪，四足拳挛，卧地难起，食量减少。治法：强筋坚髓，止疼散风，内服血竭散。火针百会穴、掠草穴、大胯穴、小胯穴、膊尖穴、抢风穴。轻针重灸。处方：朱血竭 5 钱，乳香、没药 8 钱，当归 1 两，川芎 5 钱，红花 3 钱，姜炭 4 钱，破故纸 8 钱，骨碎补 1 两，芦巴子 8 钱，巴戟、黑杜仲 5 钱，菟丝子 1 两，小茴香 5 钱，苍术 6 钱，柴胡 5 钱，荆芥、防风 4 钱，甘草 3 钱，生姜 1 两为引，研末灌服。

35. 尿白浊病因

老驴瘦马，负重劳伤，饲养管理不当，或饮空水，或饮浊水，以致肾脏虚寒，而成此病。症状：尿色清水，澄有白浊，毛焦吊，体瘦吃少。治法：内服茴香散，火针百会穴。处方：小茴香 6 钱（炒），葫芦巴 5 钱，杜仲 4 钱（炒，断丝），巴戟 5 钱，破故纸 5 钱，官桂 5 钱，生二丑 1 两，吴萸子 4 钱，苍术 8 钱，柴胡 5 钱，甘草 3 钱，共研末，黄酒 4 两为引，同调灌之。

36. 肿毒病因

劳伤过度，食疗不化，变生火毒，流行皮肤肌肉，凝住不散，而结肿。症状：发无定处，结肿坚硬，按之疼痛，经久不散。治法：内服昆海汤，外敷消肿药，如胸瘤，背肋肿，腮骨胀，特效。处方：昆布、海藻 1 两，金银花、连翘 5 钱，蒲公英 1 两，酒黄连 3 钱，酒黄芩 4 钱，酒黄柏、酒栀子 5 钱，酒知母 8 钱，木通、桔梗 5 钱，生二丑 8 钱，苍术、柴胡、甘草 5 钱，荆芥、防风、薄荷 3 钱，大黄 5 钱，朴硝 1 两，共研末，入麻油 4 两为引，灌服。消肿药：涂马各种肿毒。雄黄 5 钱，大黄 2 两，煅龙骨 5 钱，白及 5 钱，白蔹 5 钱，川牛膝 1 两。共研末，醋水调涂，如干再换。

37. 治疗产后乳汁不通奶少下奶方

黄芪、丹参 1 两，当归 2 两，川芎 5 钱，麦冬 4 钱，木通 4 钱，桔梗 4 钱，炮甲珠 5 钱，王不留 1 两，甘草 3 钱，共研末，黄酒 4 两为引灌服。

38. 便血病因

暑伏炎天，使役过度，饥渴缺水，热积肠中。症状：初期粪便腥臭，中期便粪带血，后期纯便鲜血。精神不振，吭吊毛焦，水草少进。这时带有危险性。处方：地榆、槐花（炒焦）1 两，荆芥穗（炒黑）、黄芩（炒黑）、栀子（炒黑）5 钱，全当归 8 钱，生白芍 5 钱，生地 8 钱，红花 3 钱，木通 5 钱，甘草 3 钱，共研末，如麻油 4 两为引，灌服。

39. 烂嘴（口炎）病因

多因马、骡胃中谷料结聚，再加劳火过度而造成，或因过硬的外界物质创伤、刺伤，发生肿胀腐烂。病变：嘴角肿胀，口疮赤红，口气赤热，有的生烂斑，有臭味，食量减少，体瘦形弱。诊别：除火毒接唇与铁物摩擦发生创伤外，还应注意的是，胃寒吐黄涎，胃吐白沫，心寒吐清水，但均无唇舌破烂之现象。处方：干癞蛤蟆一个，炉干石3钱，冰片3分。制法：将癞蛤蟆用平凡炉焦与其药研磨成细粉。用法：涂抹患处，涂抹前先用盐水清洗，不要喂有芒刺的饲料。

40. 咽头肿（咽头炎）病原

牲畜气血旺盛，或使役喂料，以致料毒积于胃中，上冲于咽，发生肿痛，或者意外风寒闭塞咽喉，气血凝结，致咽头肿胀。病状：咽门肿胀。口内流沫，咳嗽气喘，食欲不振，吐草或咽下困难，打战，口臭。处方：生栀子1两，连翘1两，双花1两5钱，射干2两，桔梗1两，黄芩1两5钱，元参2两，生地1两。制法与用法：共为末，加水熬煎，候火灌服，同时可用土蜂窝加醋调成粥状，外部涂抹。

41. 食道梗塞病原

使役归来，喘气未定就喂料，或过饥饿时喂料，咀嚼不全，阻塞食道，以致气不通而致病。病状：伸头缩项，口鼻流涎，气急咳嗽，脉搏洪数，口色青黄。处方：牛蜡烛2两。制法与用法：加热化开，趁温灌服。

42. 胃火病原

牲口吃了腐败粗硬的饲料，或喂的分量不均匀，饥一顿，饱一顿，或长途运输，失食缺水，就会发生这样病。病状：食欲减少或停止，没有精神，大便干燥，尿少，口渴，耳鼻发热，口色发红，有舌苔，口内发臭。处方：川军2两，芒硝4两，枳实8钱，川朴6钱，木通8钱，甘草3钱。制法与用法：共为细末，开水冲调，候温灌下。

43. 畏寒病原

空腔食水太多，或被阴雨苦淋，或夜天拴在露天场上，外感内伤所致。病状：轻症者口吐黄涎，浑身肉战，鼻寒耳冷；重症者口流清涎，水草不吃。诊别：热症舌疮流黏涎，胃冷吐黄涎，肺寒吐白沫，心寒吐清水。处方：葱白3棵，生姜5钱，枣7个。制法与用法：共为细末，水冲灌服。

44. 翻胃吐草病原

外感风寒，内伤阴冷，气血双亏，消化不良，以致胃弱，草料不能下行，即时呕吐。病状：精神倦怠，头低耳搭，鼻面浮肿，吃草下咽时，甩头而吐。诊别：幼马生贼牙吐草，5岁择腮牙吐草，诊断时应仔细观察，弄清病根。一般的松骨肿胀者可治，腮骨胀者难医，体瘦吐沫及四肢拐疼者更难治。处方：樟脑2钱5分，蛋黄5个。制法与用法：混合调匀，开水冲调，候温灌下。

45. 冷肠泻病原

空腹饮冷水过多，水停肠内，以致肠冷气虚，不能运送膀胱，清浊不分，而成水泻不止之症。病症：肛门水泻，肠鸣如雷，食少引多，食欲减退，尿量较少，末期肛门松弛，脉搏沉滑，口色青白。处方：陈谷子（炒黄）1~2斤，炒茴香1两。制法与用法：共为细末，加白糖2两为引，开水冲调，候温一次灌之。

46. 冷痛病原

饲养失调，饮冷水过多，冷热交错，伤手于脾，脾胃不和，气不升降，停滞于肠，致成冷痛。病状：鼻寒耳冷，肚内响声如雷，前蹄刨地，起立摆尾，疼痛剧烈，有时打哆嗦，出冷汗，口色如棉，有时下痢等。处方：大蒜1两，小茴香2两，芒硝5钱，白酒4两，蓖麻子油6两，白酒4两。制法与用法：混合研碎，开水冲调，待温灌下。

47. 小驹奶泻病原

母畜下坡干活时间过长，小驹又饿又渴，待母畜回来，喘息未定，小驹吃奶又猛又多，热奶吃了，不易消化因而发生泻肚。病状：小驹头低耳垂，没有精神，拉稀，卧地不起，回头不动，或以嘴啃地。处方：胡椒2钱，红糖2钱。制法与用法：煎煮或捣成末，开水冲灌。

48. 胎气腿瘫病原

妊娠的马喂养失调，血气两亏，血液循环受到阻碍，而发病。病状：步行难移，精神不振。产驹后一般即能痊愈。处方：益智仁1两，巴戟6钱，黄氏1两。制法与用法：加水熬煎，开水冲服。

49. 大肚结病原

喂料过多，停在胃中不动，料毒凝结，不能消化，或喂多了腐败饲料，停在胃中发酵，或平日料少，突然喂多，或偷吃豆类、入胃膨胀等原因招致本病。病状：初期，食后不久，即发生腹痛症状，立卧不安，口色青白，喘粗气，带有酸味，前腿打哆嗦，出汗，有的不断卷起上唇，流出清鼻涕，嗳气，吐出的草带有酸味，肚腹逐渐膨胀。后期，神昏如醉，头低眼闭，行走困难，口色青紫。处方：白矾1两，猪胆汁两个，醋4两。制法与用法：混合调匀，一次灌之。针灸：三江穴、分水穴、带脉穴、脾俞穴。

50. 马肚胀（风气疝）病原

吃进霉烂、腐败的草料，消化不良，以致食物发酵，化生气体；或在劳役时，气出不顺，咽入空气，均能使气体积存肠内，闭塞不通。另外，喂给易发酵的饲料和饲草，也易引起消化不良，造成此病。病症：肩窝膨胀，敲之如鼓，呼吸困难，脉搏加快，初期时有时放屁，起卧不安。诊别：先用通关散从两鼻吹之，有嚏者可救，无嚏者难活；口色红，有光亮者可治。处方：青皮1两，陈皮1两，茴香1两，木香1两，枳壳1两，枳实1两，千金子1两，厚朴1两，槟榔1两，郁李仁2两，二丑4两。

51. 前结（结肠结）病原

吃了不易消化的饲料，长时间使役，喘息未平就上槽，吃草太猛，咀嚼不全，唾液分泌不足，即将草料咽下，草料积在大肠前部。病状：腹部胀痛，频咬前胸，前蹄刨地，急起急趴，鼻孔开张，喘粗气，口色赤而带紫，眼结膜红色，有时也能放屁，并能排除少量粪便，检查直肠可摸到结肠中膨大的粪便，状如排球。处方：川军1两，芒硝1两。制法与用法：用三碗水熬成一碗水。冷后灌之（小猪逐减）。

52. 中结（左侧结肠便秘）病原

多在初春，秋季草料时发生，或因干重活，时间过多没有休息，又渴又饿，喘息未停，空中黏液未退，立即上槽，或因吃了粗梗和腐烂的草料，吃得太急，咀嚼不全，均易发生本病。病症：排粪困难，卧倒时，以右侧着地，然后打滚，突然起来行走几步，又卧倒，肚子疼痛，四肢朝天，鼻咋粗喘，不住地吭气，耳鼻不发凉（早晚发凉），脉陈细，舌色初发红，口内有臭气，眼发红，有时也排少量的粪，肚子胀大，两便不通，舌色初期发红，以后变成黑紫色，呼吸困难（危险）。处方：川军4两，芒硝1斤，火麻仁4两，芦荟5钱，巴豆霜2钱，黑丑1两，滑石1两，枳实1两，蜂蜜4两。制法与用法：共为细末，开水冲调，一次灌服。

53. 板肠结（盲肠结）病原

使役过重，过急，未休息即喂干料，或吃不易消化的粗梗草料，缺水等原因而致成。病状：病畜常常回头看肚腹，大便困难，腹部右边先膨胀，频频起卧，精神不振，低头弓腰，呼吸困难，口色发红，早晚耳鼻发凉，打哆嗦。处方：川军3两，芒硝4两，枳实1两，木香7钱，槟榔1两。制法与用法：共为细末，开水冲调，一次灌服。

54. 后结（小肠结及直肠便秘）病原

久渴失饮，致大肠干燥，又兼喂了不易消化的饲料，或长途运输，吃了异物、泥沙等，又缺乏运动，草料停滞、在大肠后部，慢慢干燥，排泄不下。病畜不断回头瞧腹，先轻后重，以手敲打右边肚腹，发生实物响声。起卧不安。检查直肠，可以摸到粪便，形状大小不一。处方：当归1两，川军2两，枳实1两，滑石1两，麻子仁4两，郁李仁2两，大戟1两，鼠粪1两，芒硝5两，通草8钱，续随子1两。制法与用法：熬煎或轧成细末，加猪油半斤，开水调匀，候温一次灌之。

55. 慢肠黄（肠炎）病原

劳役归来，乘热喂料，料毒停于肠中，再饮冷水，冷热相凝，气滞血瘀而造成此疾。病状：腹中雷鸣，卷头卧地，荡泻入水，腥臭难闻，便秘与水泄互相交替，口色赤红，脉搏洪大。处方：黄连1两，柯子肉8钱，黄芩1两，川军1两，白术8钱，郁金8钱，白头翁1两。制法与用法：熬煎或轧成细末，开水冲服。

56. 牛气胀病病原

使役过度，长途奔跑，或喝了冷水，长时间劳役，没有休息，或吃了嫩庄稼苗及容易发酵的饲料如萝卜、豆类、酒精等，均能发生此病。病状：肚腹虽然胀大，但以手按压，内部不硬，这是气胀。病畜低头弯腰，没有精神，不倒沫，口色发紫，眼结膜发红，喘粗气，重的不住发吭声，肛门突出，常常呆立不安。处方：烟草子2两，蜂窝2个。制法与用法：共为末，香油4两为引，水冲灌服。

57. 牛百叶干（第三胃食滞）病原

劳役不按时，伤力过度，饮水不洁，草谷不良，致牛胃肠运化不灵，消磨力差，日久草谷停留胃间，积滞成病。病症：开始时水草少进，皮毛日渐焦躁，粪便也粗糙发硬。以后口赤，吃草更少，腹不饱而胀硬，粪虽能排除而缩燥，身体渐瘦，毛色失调。以后呈现肚胀，口呈污色，小便赤，吃草更减少，反刍停止，排除的粪黑硬而短少，两耳时热时冷，按压腹时，病牛往往闪避，局部有坚硬感，此乃病重之症。处方：神曲6钱，穿山甲6钱，皂角4钱。制法与用法：共为细末，加猪油1斤为引，开水冲服。

58. 牛肠黄（格鲁布性肠炎）病原

饲养管理不当，感冒，吃了腐败霉烂的、带有刺激性或冷冻的草料，都能引起本病。病状：不吃草，不倒沫，鼻尖发干而冷，好喝水，没有精神，处方：双花2两，槐花2两。制法与用法：加入五碗煮沸后再加粉团4两，灌服。

59. 肺寒咳嗽病原

感冒，喝了冷水，或受风寒雨露的侵袭，外感伤肺，肺受寒邪，发生咳嗽。病状：无精神，鼻流清涕，口色白，食欲不振，白天咳嗽轻，夜间咳嗽重。处方：川贝7钱，双皮5钱，桔梗5钱，柴胡5钱，栗壳3钱，冬花5钱，豆根1两，陈皮7钱，白术7钱，百合1两，甘草3钱。制法与用法：共为细末，开水冲调灌服。

60. 肺热咳嗽病原

在炎热天气，干活太急，或圈棚内空气不良，易发此病。病状：鼻咋喘息，连声咳嗽，低头闭眼，口中流涎，舌色红，体温高，脉搏洪大，后期吊鼻。处方：桔梗2两，百合2两，寸冬1两，云苓2两，川贝1两，橘红2两，半夏1两，桑皮2两，杏仁1两，前胡1两，知母2两，白果2钱，甘草5钱。制法与用法：加适量水，熬煎，候温一次灌服。

61. 猪丹毒（打火印）病因

猪丹毒杆菌感染所致。病状：该病分为三种：一是疹块型，胸背四肢及颈部发生圆形或不正形的疹块。发热不吃食，眼发红，有呕吐，粪便干燥。死亡率不大。二是败血型，病猪不吃食，卧地不起，发热，有的有眼眵，先便秘后下痢；有的粪便混有黏液，腥臭难闻，得病三四天后肚腹及腿内侧等处发生红斑，渐变为黑红色，后腿软弱，走路不稳。三是慢性型，败血型如不死，常转为慢性型，虽然吃食，但生长非常迟缓。心膜有病，呼吸困难，关节肿大，行动摇摆，长期腿瘸；解剖：胃上有小出血点，幽门部有出血性炎症，脾脏常肿胀，心脏的左心室瓣膜有花椰菜样赘瘤。处方（淄博韩庆林）：雄黄、寒水石、枯矾、冰片、朱砂、乳香、没药、轻粉、蟾酥各5分，共为细末，加白酒1两，温水调匀，一次灌服（此系大猪用量，小猪酌减）；针口角、耳、四蹄、尾尖。

62. 牛尿血病（焦虫病）病原

劳役过度，饮水失时，外手烈日之蒸灼，心轻积有邪热。因小肠与心相表里，故热邪流注小肠，遂使小肠感受热邪，而发为病。病状：精神不振，耳耷头低，水草慢进，排尿时弓腰伸头，尿色赤红，口色污黑，喘息气促，先便秘后腹泻。处方：车前子1两，蒲黄8钱，滑石1两，木通8钱，瞿麦2两，当归5钱，川芎3钱，小茴香（炒）1两。制法与用法：加水煎熬，一次灌服。

63. 缩脚瘟（牛流感）病原因气候突变

感受风寒刺激而发。按现代兽医学说，是一种病毒感染所致，多发于夏末秋初之际。病状：两眼流泪，皮温不正，毛焦战栗，饮食减少，不反刍，病情突然发生，传染很快；有的先发生咳嗽气喘，重的发吭声，流鼻涕；也有的继发肺炎，发高烧，四肢发凉，鼻镜无汗；有的腿瘸、胀肚、皮下肿胀等。处方：柴胡、黄芩、知母、寸冬各8钱，斗铃6钱，蒌仁、炒栀子8钱，贝母6钱，地骨皮、葶苈子、胆草、木通、桔梗各8钱。制法与用法：水煎或轧为末，开水冲服，一次灌服。说明：本方适用于发喘、咳嗽、吭声、流鼻涕的病畜。

64. 腺疫（俗称摆喉）病原

多因气血过盛，热积心肺而发，按现代兽医学是腺疫链球菌所致。病状：精神不好，发高烧、咳嗽，鼻液脓涕，槽口生疙瘩，带有热痛，不久疙瘩破溃，流出黄脓液，而后渐渐消退，严重时槽口肿满，呼吸困难。处方：秦艽、知母、百合、甘草、川军各6钱，栀子、紫菀各5钱，贝母、山药各6钱，丹皮5钱，黄芩6钱，远志、寸冬双皮、斗铃各5钱，桔梗、连翘各5钱。制法与用法：水煎或轧为末，开水冲服。

65. 马流行性脑脊髓炎病原

多发生在秋末冬初，由于为了霉败的饲料，或由于使役过度，心肺壅热，上冲于脑而致。病状：兴奋时，前蹄趴地，牵出栏后，则猛向前冲，眼不见物，撞墙、撞物；有的或左或右转圈，玩弄嘴唇，打哈欠；沉郁时，吃草停止，双目失明，嘴舌麻痹或肿胀，行走摇摆，卧地抽搐，身体软弱，精神沉郁。也有时狂暴，时而沉郁，如此反复交替，有的眼里发黄，身体发烧，逐渐消瘦个别也有不治而愈的。处方：雄黄1钱，川芎1钱5分，皂角、芥子各2钱，白芷1钱5分，细辛、胡椒、丁香、朱砂各1钱，麝香5厘。制法与用法：共为细末，吹进鼻内。说明：牙关紧闭时用此方。针灸：烙大风门穴、伏兔穴、锁口穴、放静脉血500~1 000mL。

66. 胃寒（慢性胃肠卡他）病原空肠饮水太过

或被阴雨苦淋，或夜间拴在露天场上，外感内伤所致。病状：轻症者口吐黄涎，浑身肉战，鼻寒耳冷，肷吊毛焦；重症者口流清涎，水草不吃，有慢性起卧。诊别：热症舌疮流黏涎，胃冷吐黄涎，肺寒吐白沫，心寒吐清水。处方：当归1两，小茴香7钱，肉豆蔻6钱，官桂、益智仁8钱，苍术1两，草果8钱，香附6钱，干姜1两，厚朴6钱，砂仁5钱，大枣10个（去核）。制法与用法：煎熬或轧为末，开水冲服。

67. 前结（结肠结）病原吃了不易消化的饲料

长时间使役，喘息未平就上槽，吃草太猛，咀嚼不全，唾液分泌不足，即将草料咽下，草料积在大肠前部。病状：腹部胀痛，频咬前胸，回头观看左侧，前蹄刨地，急起急卧，鼻孔开张，喘气粗，口色赤而带紫，眼结膜红色，有时能放屁，并能排出少量粪便，检查直肠可摸到结肠中膨大的粪便，状如排球。处方：川军、甘遂、续随子、五灵脂各1两，二丑、滑石各2两，香附1两5钱，皂角5钱，元明粉6钱，大戟1两，猪油生油各半斤。制法与用法：煎熬或轧碎，开水冲调，一次灌服（山东省民间兽医代表会）。

68. 慢肠黄（肠炎）病原

劳役归来，乘热喂料，料毒停于肠中，再饮冷水，冷热相凝，气滞血瘀而成此疾。病状：腹中雷鸣，卷头卧地，或常回头顾腹，荡泻如水，腥臭难闻，便秘与水泻相互交替，口色赤红，脉搏洪大。处方：川军、黄芩、黄柏、焦山楂、麦芽、神曲、砂仁、川朴、官桂、木香各 8 钱。制法与用法：共为细末，开水冲服。说明：如拉稀带血时，在上方中加柿饼炭半斤（即柿饼烧成炭）。

69. 胎衣不下病原

母畜营养不良，体力和气血虚弱，子宫黏膜及胎盘发炎，肿胀，或子宫收缩力减弱。病状：小驹产下后，胎衣仍不下，有时腹痛，排尿困难，脉沉迟，口色绵白。处方：①防风、荆芥、花椒、薄荷、苦参、黄柏各 5 钱；②川山甲、大戟、海金沙、滑石各 5 钱。制法与用法：①方加水煎煮，候温洗涤子宫。洗净后，将指甲剪秃磨光，从阴门伸入，细心的用手剥离胎衣取出。洗涤子宫也可以用食盐水（食盐 1 两、水 9 两）。②方研为细末，猪油 4 两为引，开水冲调，候温灌服。

70. 治一切黄症处方

蟾酥 2 钱，斑蝥 5 钱，全虫 1 钱，蜈蚣 1 条，小枣 2 两。制法：将小枣用水煮成枣泥，用香油调合，其他药物研为细末，用枣泥卷成枣核大的药卷。用法：在病畜胸部用刀割开一小口，用 2~3 个小药卷放入皮下。过三天后，用熬过的香油洗擦切口处，每天两次（商河县朱云正）。

71. 治一切恶疮生肌活血处方

龙骨 1 两，黄丹（出汗）2 钱，白及、白蔹、白石脂、赭石脂各 5 钱，虎骨 6 钱，地骨皮 5 钱，寒水石（煅）2 两。用法：上药共为细末，井水调匀，涂抹患处（蓬莱县王同秋）。

72. 治一切疔毒及疮症处方

当归、红花、紫草、川芎、白芷、乳香、没药、血竭、儿茶、海螵蛸各 1 钱，冰片 3 分，香油 4 两，黄蜡 1 两 5 钱。制法与用法：先将当归、海螵蛸等药品和香油一起下锅熬煎，结成黄色后，再下紫草、血竭，溶化后去渣，盛在碗里，放入冰片、黄蜡、用棍搅拌即成，涂抹患处（东平县韩庆昌）。

73. 治疮黄疔毒症处方

甘菊 2 两，地丁 6 钱，白芷 3 钱，连翘 5 钱，蜈蚣（焙）3 条，全蝎（焙）4 个，虻虫、雄黄、白矾各 2 钱，冰片 5 分，朱砂 5 分，蜂蜡 2 钱，蜂蜜 2 两。用法：共为细末，黄酒半斤为引，开水冲服（烟台市孙文仙）。

74. 治无名肿毒处方

雄黄 5 钱，川军 6 钱，白及 4 钱，白蔹 1 两，桔梗 1 两，黄芪 1 两，龙骨 5 钱。用法：共为细末，敷于患部。

75. 山西长治市壶关县川底公社兽医站经验方

从 1973 年开始，该公社用中草药防治猪的疾病上初步摸索出了一些方法，并对 606 头猪进行了试验，疗效达 70% 以上，1975 年试治 256 头次，疗效达 90%。

（1）猪流行性感冒。紫苏、防风、荆芥各 1 两，薄荷、桔梗、甘草各 5 钱，葱胡 1 两水煎至半碗。将膏汤中加入玉米面呈稀粥状，用一木棍将药扶于入口内吞下二次即效。原理：紫苏、荆芥发表散寒，薄荷散风热，桔梗宜肺散邪，防风发汗散风寒，感冒呈季节性流行，由受风寒侵入，使身体内抵抗力降低，抗体形成减少，因气温高全身白血球增多，发烧，汗乳不通，新陈代谢障碍，初期肺脏病变是主要原因。体虚瘦弱，则腠理疏松，肺卫不固，易发外邪侵入，使肺发生病变，因肺脏受风邪束闭，肺脏素有积热，则内火不能疏泄，表现出呼吸粗喘、咳嗽、鼻流清涕、鼻塞等。由于外邪有轻有重，病情有偏寒偏热的差异，感邪有风寒风热的不同，在临床治疗中可以分类施之。风寒感冒：川贝母、炒杏仁、防风、紫苏、桔梗、橘红各 5 钱，甘草 3 钱，水煎服，拌食或者灌服。风热感冒：二花，连壳各 1 两，桔梗、牛子、豆根、生地、荆芥、黄芩各 5 钱，甘草、升麻各 3 钱，煎汤拌食或者灌服。

（2）咽喉肿痛（喉头炎）原因。本病主要是咽喉部器官发炎，常因气候剧烈变化肺卫失固，受热而进，所谓肺脏外通于鼻，内达于肺，肺主皮毛，因风寒侵入皮毛导致营卫失和，邪郁而不能外达，壅结于喉而发。症状：咳嗽，喉中痰鸣，气促喘，因热邪内感则热痛增剧，呈现颈下部肿胀，大便干，小便黄，不吃食。治则：清热解毒。处方：黄芩、牛子、射干、亢参、生地、桔梗、花刺各 5 钱，甘草 3 钱，煎汤灌服。针刺：肿胀处。

（3）支气管咳嗽原因。本病因受风寒热的刺激，侵肺所引起的，也称喘鸣之证。症状：呼吸粗并带喘鸣声，不愿吃食，大便干，小便黄，结膜充血发红。治则：疏风散热，宜肺止咳。处方：麻黄、枝子、桔梗各 5 钱，白芍、杏仁、茯苓各 4 钱，甘草 3 钱，细辛 1 钱煎汤。用法：拌食喂之。

（4）气喘证原因。本病属气喘呼吸喘粗型，心主血，肺主气，在炎热的天气里，湿气的蒸发过重，气息运行失调，心肺气血壅积，清气上升，阳气不降，使肺气不舒，故气促喘粗。症状：舌质鲜红，为里实热证，呼吸加快，背腰拱起，嘴拱地，不多吃食，精神不振，头低咳嗽。处方：葶苈子 1 两，马兜铃、甘草、桑皮、百部、炒杏仁、贝母、沙参各 5 钱（葶苈散），煎汤拌食。

（5）牛肺热咳嗽原因。因肺热支气管发炎所引起的病变，咳嗽。症状：咳嗽连声，呈干咳状，大便干，小便黄，不多吃食，眼发红。治疗：清热止咳。处方：桑皮、五味子各1两，甘草、炒杏仁、桔梗、知母、黄芩各5钱，蜂蜜2两。用法：煎汤拌食，蜂蜜分两次另喂。

（6）猪拉稀原因。主要由于饲养管理不良，冷热失调，引起消化不良，拉稀，因寒伤之证。症状：精神不振，皮毛粗乱，食欲减退，粪便拉稀。处方：肉豆蔻、诃子、石榴皮、焦白术、猪苓、车前子各1两，水煎服。

（7）消瘦、营养不良原因。因营养不良而引起营养不良性贫血和维生素缺乏等症。症状：口色淡，结膜苍白，食欲不好，精神不振，体质消瘦，皮毛粗乱等。处方1：苍术2两，焦白术、砂仁、五味子、肉果各1两，共为细末，每日3次，每次5钱，拌食内服。处方2：胃火大便干用石膏、芒硝各2两，混食内服（体重40kg量）。

（8）猪湿证原因。厩舍潮湿所致。症状：表现皮肤粗厚、湿润或有擦伤现象，表层有分泌物或化脓炮，最后形成结痂，常有瘙痒不安的表现。处方：用3%明矾和0.1%高锰酸钾清洗患部，再用油涂之，3次即愈（用砂锅加热涂上）。

76. 奶牛子宫内膜炎

原因：胎衣不下或流产以后多得此病，在难产时，以不洁之手伸入子宫内亦可发生，子宫肿伤、药剂刺激、传染病的经过中也能引起。病状：精神不振，恶寒战栗或出汗，体温增高到39~41℃，脉搏细弱，由阴户排出恶臭的血浓黏液，急性的牲畜多有疝痛不安的形状。治疗：青霉素肌内注射，每隔6h 1次，用2%硼砂液洗涤阴道。处方：云苓6钱，泽泻4钱，木通4钱，车前子4钱，黄柏4钱，知母4钱，川芎4钱，元胡4钱，当归5钱，红花3钱，杭白芍4钱，甘草3钱，共为末灌服。

77. 用于预防和治疗鸡新城疫病的免疫增强剂（郝智慧发明）

绞股蓝35重量份，皂角刺20重量份，菊花25重量份，党参65重量份，白扁豆45重量份，绵马贯众25重量份，淫羊藿35重量份，芦荟15重量份，拳参20重量份，蒲公英25重量份，穿心莲25重量份，墨旱莲45重量份，枸杞子40重量份，桑葚35重量份，甘草40重量份，首乌藤25重量份，青黛45重量份，百部15重量份，鸦胆子25重量份，麦冬35重量份，沙苑子45重量份。

78. 用于提高仔猪免疫能力的免疫制剂（郝智慧发明）

连翘45重量份，大枣55重量份，三颗针25重量份，刺五加60重量份，巴戟天35重量份，水牛角15重量份，淫羊藿45重量份，石韦30重量份，苦参20重量份，枸杞子 35 重量份，墨旱莲 40 重量份，天冬 35 重量份，密蒙花 15 重量份，黑芝麻 65 重量份，西洋参 85 重量份，当归 35 重量份，白术 60 重量份，薏苡仁 25 重量份，蓝布正 40 重量份，黄芪 75 重量份，商路 25 重量份，猪苓 35 重量份。

79. 一种治疗抑郁症的处方（郝智慧发明）

浮小麦 60g，丹参 60g，甘草 60g，大枣 30 枚（去核）。

80. 一种用于治疗动物破伤风的药物制剂（郝智慧发明）

胆南星 40g，白芷 60g，全蝎 30g，蔓荆子 40g，桑螵蛸 30g，天麻 50g，首乌藤 30g，五加皮 50g，桂枝 40g，羌活 30g，蛇床子 70g，鹅不食草 50g，五倍子 40g，益母草 30g，节节花 40g，元宝草 30g，黄芪 60g，骆驼蓬 20g，土人参 40g，甘草 30g。

（二）山东中草药种植相关信息

山东全省种植面积最大的中药材品种有金银花 70 多万亩，其次为山楂 30 多万亩，丹皮 10 多万亩。种植区域最广的品种有丹参，山东省各市地均有种植，面积近 30 万亩，其次为黄芪、板蓝根、桔梗和金银花；山东的优势地产品种有金银花、桔梗、黄芩、丹参、西洋参、芍药、栝楼、北沙参、徐长卿等。

山东临沂、日照、潍坊、淄博 4 个地区的药材种植面积占全省总种植面积的 75% 左右，是全省中药材生产的主要区域，以临沂市为中心，东临日照，北接潍坊、淄博，其中整个临沂市的种植面积就达全省的 50%。区内群山连绵，丘陵纵横，具有悠久的植药历史和良好的植药传统，优势特色药材品种主要有金银花、山楂、丹参、黄芩、桔梗、黄芪、徐长卿等。

2015 年，威海市西洋参共种植 5.55 万亩，其中，文登市 4.5 万亩，荣成市 1 万亩，乳山市 500 亩。文登：主要分布于大水泊镇、侯家镇、泽头镇、高村镇、张家产镇、文登营镇、葛家镇、埠口镇、米山镇、小观镇。荣成：主要分布于上庄镇、大疃镇、荫子镇、崖西镇、人和镇、滕家镇。乳山：主要分布于南黄镇。山东省农业科学院农产品研究所药用植物研究中心张锋从 30% 郁闭度左右的白蜡—板蓝根、柳树—黄芪、柳树—丹参、柳树—黄芩、柳树—蒲公英、柳树—栝楼、柳树—板蓝根 7 种种植模式中，选择建立了白蜡—板蓝根、柳树—丹参、柳树—板蓝根 3 种林—药复合模式，出苗率较高，而且对产量进行统计和效益分析可得，每亩均可获得千元以上收益，可在本地区进行推广种植。

山东省农业科学院农产品研究所单成钢研究员建立了一套以丹参生产为核心的大垄

双行覆膜栽培技术体系。在临清、平邑、蒙阴和枣庄等地区建立丹参可持续生产示范基地，示范推广，为推动山东省丹参的可持续生产提供了有力的技术保障。

山东省农业科学院农产品研究所倪大鹏通过成活率、根粗、根长、根条数、鲜根重和病害情况对 50 个丹参杂交品系抗重茬性评价，筛选出 7 份完全成活、无病害、产量较高的优良品系，为丹参的优产奠定良好的基础。

近年来，丹参的需求量不断扩大，全国丹参市场的总需求约 65 000t，并以每年 10% 的幅度增长，每年出口美国、韩国和东南亚市场数量都在以 20% 的幅度增长，丹参药材及其制品都表现出生产销售两头旺的大好趋势。传统的丹参品种因其亩产量低、有效成分含量少成为制约丹参种植业的瓶颈。为促进我国药材新品种的开发和升级换代，自 2003 年以来，山东烟台欧威农业、烟台天星航天育种科技有限公司与山东省农业科学院、山东中医药大学、烟台大学等单位协作组织专家成立航天育种课题组，以丹参新品种培育为突破口，通过航天返回式卫星将丹参种子搭载到太空，对航天搭载返回的丹参进行连续 6 年反复种植实验和品种筛选，结果成功培育了航天丹参新品种，该新品种于 2009 年 12 月通过山东省科学技术厅鉴定。与传统丹参相比，它具有产量高、有效成分含量高、病虫害少、抗病强、性能稳定等特点，亩产量高出普通丹参的 2 倍，有效成分丹参酮比普通丹参提高 25%，丹参酚酸 B 比普通丹参高 16%。

航天丹参新品种的培育成功，将对我国大面积种植丹参药材提供广阔的前景。其深加工将会带动相关的产品产业链，在拉动当地经济、增加农民收入等方面发挥了积极的作用。

2016 年 1 月，山东省农业科学院药用植物研究中心王志芬研究员在山东农业学药用植物专业委员会 2015 年年会暨省现代农业产业技术体系中草药产业创新团队总结汇报会议论文《中药农业生产的基本原理与关键技术探讨》一文中对中药农业、中药药性的基本概念及其属性特点、中药材质量控制要点、中药材质量安全生产的现状进行了综述，在中药材安全生产一项中重点对安全生产基地控制、安全生产生态区域控制（对根及根茎类药材 60 种，全草类药材 12 种，花叶类药材 9 种，茎木类药材 6 种，果实及种子类药材 12 种进行生产适宜区域划分）、肥料施用技术农药施用技术等方面进行了论述，为山东地区中药材的种植提供明确的发展方向和关键技术思路。

山东省中药农业相关政策：近年来，山东省高度重视中药产业发展。2001 年山东省被批准建设国家中药现代化科技产业基地省，2003 年省政府出台了《山东省人民政府关于加快中药现代化发展的意见》，随后出台了《山东省中药产业振兴指导意见

（2009—2011 年）》《关于扶持中医药事业发展的意见》《山东省中医药事业发展"十二五"规划》等一系列文件，对山东省大宗道地药材品种选育、规范化基地建设等工作开展起到了重要的指导作用，并于 2009 年顺利通过国家中药现代化科技产业（山东）基地省验收，推动山东省中药农业步入了国内先进行列。2014 年出台了《山东省中药材产业发展规划（2014—2020）》，2015 年组建了山东省现代农业产业技术体系中草药创新团队，为山东省中药材产业发展注入了强劲活力。

（三）山东中兽医药学会发展

2014 年 12 月 6—7 日，山东省中兽医研究会中兽药协会成立暨第一次会员代表大会在山东聊城举行。山东省畜牧局原局长司俊臣、聊城市委副秘书长张文阁、聊城职业技术学院副院长李英民、聊城市畜牧兽医局副局长董霞、山东畜牧兽医职业学院原副院长郭立堂、山东省中兽医研究会理事长戴永海教授等出席大会并讲话。大会选举李贵兴为中兽药协会会长，何会祥为秘书长。山东省中兽医研究会换届五年来，以"弘扬中兽医医药瑰宝"为目标，以"继承、发展、开拓、创新中兽医事业"为宗旨，先后成立了"中兽药专业委员会""畜禽温病专业委员会""中兽药研究所""中兽医研究所"等二级学会或研究机构。中兽药协会的成立，又为山东省中兽医研究会增添了新的成员。

2016 年 2 月，根据山东省畜牧兽医事业发展的需求和山东畜牧业兽医学会章程，决定成立山东畜牧兽医学会中兽医学专业委员会，并确定了第一届主任委员、副主任委员、秘书长、副秘书长、常务理事、理事名单，组成第一届理事会领导班子，这将为推动山东中兽医药传承和发展带来更强劲的动力。

山东省中兽医研究所聊城分所，是在山东省中兽医研究会的授权下，经山东省民政局正式批准的学术研究单位。在聊城大学领导的大力支持和关心下，于 2010 年 4 月 26 日正式在聊城大学挂牌成立。研究所主要从事中兽药防治动物疾病及动物保健、新中兽药研发与推广、高科技产品的研发、技术转让以及成果转化等工作，这为山东中兽医药的产学研结合提供了良好的平台。

（四）收集的相关研究资料和著作

《山东省中兽医诊疗经验》，山东省农业厅编，1961 年由山东人民出版社出版。本书是全省广大中兽医工作者，在 4 个月内献集了验方、秘方 2 000 多份，将搜集的材料和 1956 年中兽医代表会上的资料，组织有关专家和知名民间兽医进行审定、汇编并出版（附图2-1）。

《中草药验方选编》，山东省中草药展览会编，1970 年由山东人民出版社出版。本书是根据山东省农业局在 1961 年以后第二次组织开展中兽医"采风"工作，搜寻遗落民间的中兽医验方、单方、中草药和中兽医诊疗经验，共整理 117 个病种、450 个方剂（附图 2-2）。

《中兽医治疗验方》手抄本一本，杨玉春，1966 年 3 月 18 日，主要对从临床获得的人和家畜使用的经验方进行了记录，共有经验方 150 个（附图 2-3）。

《中兽医诊断学》，游正心编著，1956 年由畜牧兽医图书出版社出版。本书为参考很多中兽医书籍和若干近代兽医书籍以及结合编者自己的经验体会编写而成，举凡有关家畜诊断问题，应有尽有，乃畜牧兽医工作者良好的参考书（附图 2-4）。

《中兽医诊疗经验》第一集，高国景著，1965 年由农业出版社出版。本书是山西省长治专区兽医站高国景综合其多年所学，并结合临床诊疗的实际经验编写而成，主要内容有牛马的疾病诊断、治疗、针灸和药物常用性质加工炮制和常用处方等（附图 2-5）。

《中兽医诊疗经验》第二集（修订二版），裴耀卿著，1958 年由农业出版社出版。本书是裴先生综合其多年所学，并结合临床诊断的实际经验历时 9 年编写而成，经在全省各专区历次兽医训练班使用，认为内容丰富、易于理解，主要内容有骡马疾病诊断、骡马针灸、中兽医药物、骡马疾病中药治疗法、骡马饲养管理卫生（附图2-6）。

《中兽医诊疗经验》第三集（修订二版），郑少山著，杨宏道整理，1959 年由农业出版社出版。本书内容是集结了有关郑先生医牛经验的著作、郑先生口述失传已久的著名"李氏牛马医案"与"牛经补遗"等古本片段、临床中药用量表，以及所参与主编的江西民间兽医诊疗及处方汇编等有关部分，加以综合整理汇编而成，主要内容有理论篇、诊断篇、针灸篇、中药篇、治疗篇等（附图 2-7）。

《中兽医诊疗经验》（福兽全集）第四集，崔涤僧著，1964 年由农业出版社出版。详细记录了对马科（上卷）、牛科（中卷）、驹儿科（下卷）的常见疾病及其治疗方法，图文并茂，并附多个经验方（附图 2-8）。

《中兽医诊疗经验》第五集，徐自恭著，1964 年由农业出版社出版。本书采取徐老先生日常口述的医牛歌诀，连同其部分主要疾病的医疗经验综合编写整理，富有民间特色（附图 2-9）。

《中兽医治疗经验》第二集，李贵口述，内蒙古自治区兽医工作站、内蒙古农牧学院兽医系合编，1975 年由内蒙古出版社出版。本书是根据老兽医李贵几十年来的临床实践经验编写而成，主要记录了诊疗方法概述（上篇）、治疗经验（中篇）、外用处方—针灸—中药（下篇）等相关内容（附图 2-10）。

《中兽医理论基础与诊断学》河北省定县中兽医学校编，1964 年由农业出版社出版。本书是在河北省定县中兽医学校"中兽医理论基础与诊断学讲义"的基础上，修订编写而成，以中兽医理论体系为基础进行论述（附图 2-11）。

《关于使用中草药治疗猪病的初步体会》山西长治市壶关县川底公社兽医站编写，1975 年 10 月印制。根据该兽医站诊疗实践经验编写而得，共附治疗猪病处方 13 个（附图 2-12）。

《河南中兽医临床药方汇集》河南省农林厅畜牧兽医处编，1955 年由河南人民出版社出版。主要汇集了河南省中兽医临床药方 146 个，包括治疗 50 种牲畜常见的疾病。这是根据河南省 1953 年召开的全省兽医代表讲习会议中的材料整理的，这些药方曾经作者会同有关机关分析研究，可供各地中兽医与畜牧兽医工作者参考（附图 2-13）。

《兽医常用中草药》浙江省温岭县革委会生产指挥部、江西省德兴县农业局革委会编，1973 年由上海人民出版社出版。本书以赤脚医生、兽医人员为对象，以浙江、江西为主，搜集和整理了各地民间兽医常用中草药 429 种。其中每味药材都包括植物名、别名、形态、采收、性能、应用及制剂等项，共计介绍了常用验方 1 000 余则，并附有形态图 302 幅（附图 2-14）。

《兽医新疗法及中草药知识和处方汇编》内部参考（编者不详），1970 年由山西人民出版社出版。本书主要对兽医新针疗法、捶结术操作要领、中草药基本知识、中草药分类及各药物性味归经功用概括、验方汇集等内容进行整理汇总，其中验方均来自全国各地的兽医院、解放军兽医大学、各军区的经验方，参考价值极高（附图 2-15）。

三、道地山东中兽药标本

本项目旨在对山东地区的我国传统中兽医药的资源和利用现状进行全面调查与分析，开展相关中兽医药资源的汇编、注解、编译、标本制作等抢救与整理工作；形成山东地区中兽医药资源的基础数据库，为进一步的全国中兽医药资源数据库与信息共享平台建设提供基础数据背景。在山东中兽医药发展基本情况调查中，主要对中兽药研发、生产与应用情况，中兽医科研著作情况，科研奖励、学会发展情况，人才培养情况，相关政策情况进行了信息归集；中兽医药资源抢救工作中，主要搜集整理了一些中兽医药处方验方和中兽医诊疗技术内容，此外，还包括一些现代药材栽培种植研究结果，获得民间验方 15 个，共搜集中兽医药资源信息 105 条，其中，中兽药诊疗方法 79 条，山东中草药种植相关信息 8 条，山东中兽医学会发展情况 3 条，中兽医药诊疗技术相关书籍共 15 册，制作山东道地药材标本 17 种，分别为：茵陈、菊花、徐长卿、白果、桔梗、黄芩、瓜蒌、忍冬藤、菟丝子、山楂、半夏、白芍、芡实、牡丹皮、槐花（附图 2-16）。

第三章 几种山东传统药用植物（黄芩、桔梗、板蓝根）质量研究

山东道地药材黄芩、桔梗和产地药材板蓝根是中药制剂常用药材，市场需求量逐年增长，因此，药材的质量研究具有重要意义，鉴于已有大量的黄芩、桔梗、板蓝根药材研究的文献报道，我们对其质量进行了调研，以期为此类药材的深度开发提供数据支持。

黄芩 唇形科黄芩（*Scutellaria baicalensis* Georgi）属多年生草本植物，产于黑龙江、辽宁、内蒙古、河北、河南、甘肃、陕西、山西、山东、四川等地，中国北方多数省区都可种植。黄芩的根入药，味苦、性寒，有清热燥湿、泻火解毒、止血、安胎等功效。主治温热病、上呼吸道感染、肺热咳嗽、湿热黄胆、肺炎、痢疾、咳血、目赤、胎动不安、高血压、痈肿疔疮等症。黄芩的临床抗菌性比黄连好，而且不产生抗药性，是兽医临床最常用的中药之一。

桔梗 桔梗科植物桔梗［*Platycodon grandiflorum*（Jacq.）A. DC.］的干燥根，是一种药食同源的中药材，是 2010 年版《中国药典》收载品种，其根部亦可以入药，亦可以食用，主要的化学成分是桔梗皂苷。有关研究表明，桔梗皂苷镇咳作用明显，此外还有抗炎、抗癌、防治心脑血管疾病以及提高机体免疫力等药理作用，也是兽医临床常用的呼吸道疾病防治药物之一。

板蓝根 十字花科植物菘蓝（*Isatis indigotica* Fort.）的干燥根。板蓝根具有清热、解毒、凉血、利咽之功效，是清热解毒类中药的代表药物，也是兽医临床上常用的抗病毒药物之一。

因此，我们参考《中华人民共和国兽药典》2010 年版二部药材的标准，通过性状、鉴别、浸出物及含量测定等项目研究，对中兽药制剂最常用的山东道地药材黄芩、桔梗和产地药材板蓝根的质量与国内其他产区药材进行对比研究。

第一节　实验材料

一、仪器设备

实验所需的仪器设备见表3-1。

表3-1　实验仪器与设备

名称	厂家	型号
恒温鼓风干燥箱	上海精宏实验用品有限公司	DHG-9146A
电子天平	梅特勒—托利多仪器（上海）有限公司	AL204
电子天平	上海民桥精密科学仪器有限公司	SL302N
高速万能粉碎机	北京市永光明医疗仪器厂	FW-100
数显恒温水浴锅	国华电器有限公司	HH-4
微波催化合成萃取仪	北京祥鹄科技发展有限公司	XH-100A
超声破碎	宁波新芝生物科技股份有限公司	JY92-Ⅱ
pH 计	德国赛多利斯	PB-10
紫外可见分光光度计	上海天美科学仪器有限公司	UV1100
数显旋转蒸发仪	德国 IKA 集团公司	RV10
循环水式多用真空泵	郑州长城科工贸有限公司	SHB-B88
磁力搅拌器	德国 IKA 集团公司	TOPOLINOS25
真空干燥箱	上海博讯实业有限公司医疗设备厂	DZF-6020
喷雾干燥机	上海世远生物设备工程有限公司	SY-6000
高效液相色谱仪	美国 Agilengt 公司	四元泵（G1311C）、二极管阵列检测器（G1315D）、自动进样器（G1329B）、A1200 化学工作站、柱温箱（G1316A）
液相色谱柱	美国 Agilengt 公司	C18 柱（4.6mm×250mm，5μm）
三用紫外仪	上海市安亭电子仪器厂	ZF2 型

二、材料

黄芩、板蓝根、桔梗药材：均购自不同的产地。

黄芩苷对照品：批号 110715-201515，纯度 95.2%；黄芩对照药材：批号 120955-201309；桔梗皂苷 D 对照品：批号为 111851-201501；桔梗对照药材：121028-201411；（R，S）-告依春：批号 111753-201304；均购自中国食品药品检定研究院。

常用试剂：乙酸乙酯、甲醇、甲苯、甲酸、无水乙醇、磷酸等均为国产分析纯试剂。含量测定用甲醇购自德国默克公司。

第二节 实验方法

一、性状

参考《中国兽药典》2010 年版二部，对药材的形状、大小、色泽、表面特征、质地、断面特征、气味等进行研究。

二、薄层鉴别

（一）黄芩

参考《中国兽药典》2010 年版二部第 413 页黄芩药材的薄层鉴别方法，取本品中粉 1g，加乙酸乙酯：甲醇（3：1）的混合溶液 30mL，加热回流 30min，放冷，过滤，滤液蒸干，残渣加甲醇 5mL 使溶解，取上清液作为供试品溶液。另取黄芩对照药材 1g，同法制成对照药材溶液。再取黄芩苷对照品加甲醇制成每 1mL 含 1mg 的溶液，作为对照品溶液。照薄层色谱法试验，吸取上述供试品溶液 2μL，对照品溶液 1μL，分别点于同一聚酰胺薄膜上，以甲苯：乙酸乙酯：甲醇：甲酸（10：3：1：2）为展开剂，预饱和 30min，展开，取出，晾干，置紫外光灯（365nm）下检视。供试品色谱中，在与对照药材色谱相应的位置上，应显相同颜色的斑点。

（二）桔梗

参考《中国兽药典》2010 年版二部第 382 页桔梗药材的薄层鉴别方法，取本品粉末 1g，加 7%硫酸乙醇：水（1：3）混合溶液 20mL，加热回流 3h，放冷，用三氯甲烷振摇提取 2 次，每次 20mL，合并三氯甲烷液，加水洗涤 2 次，每次 30mL，弃去洗液，三氯甲烷液用无水硫酸钠脱水，滤过，滤液蒸干，残渣加甲醇 1mL 使溶解，作为供试品溶液。另取桔梗对照药材 1g，同法制成对照药材溶液。照薄层色谱法试验，吸取上述两种溶液各 10μL，分别点于同一硅胶 G 薄层板上，以三氯甲烷：乙醚（2∶1）为展开剂，展开，取出，晾干，喷以 10% 硫酸乙醇溶液，在 105℃ 加热至斑点显色清晰。供试品色谱中，在与对照药材色谱相应的位置上，应显相同颜色的斑点。

（三）板蓝根

参考《中国兽药典》2010 年版二部第 275 页板蓝根药材的薄层鉴别方法，取本品粉末 1g，加 80% 甲醇 20mL，超声处理 30min，滤过，滤液蒸干，残渣加甲醇 1mL 使溶解，作为供试品溶液。另取板蓝根对照药材 1g，同法制成对照药材溶液。再取（R，S）-告依春对照品，加甲醇制成每 1mL 含 0.5mg 的溶液，作为对照品溶液。照薄层谱仪法试验，吸取上述三种溶液各 5～10μL，分别点于同一硅胶 GF254 薄层板上，以石油醚（60～90℃）：乙酸乙酯（1∶1）为展开剂，展开，取出，晾干，置紫外线灯（254nm）下检视。供试品色谱中，在与对照药材色谱和对偶对照品色谱相应的位置中，应显相同颜色的斑点。

三、浸出物

参考《中国兽药典》2010 年版二部第 413 页黄芩、第 382 页桔梗、第 275 页板蓝根的醇浸出物热浸法进行测定。

四、含量测定

（一）黄芩

参考《中国兽药典》2010 年版二部第 413 页黄芩药材含量测定项目进行测定。

1. 色谱条件与系统适用性试验

用十八烷基硅烷键合硅胶为填充剂，甲醇：水：磷酸（47∶53∶0.2）为流动相，检测波长为 280nm。理论板数按黄芩苷峰计算应不低于 2 500。

2. 对照品溶液的制备

取在 60℃ 减压干燥 4h 的黄芩苷对照品适量，精密称定，加甲醇制成每 1mL 含 60μg 的溶液，即得。

3. 供试品溶液的制备

取本品中粉约 0.3g，精密称定，加 70% 乙醇 40mL，加热回流 3h，放冷，过滤，滤液置 100mL 量瓶中，用少量 70% 乙醇分次洗涤容器和残渣，洗液滤入同一量瓶中，加 70% 乙醇至刻度，摇匀。精密量取 1mL，置 10mL 量瓶中，加甲醇至刻度，摇匀即得。

4. 测定法

分别精密吸取对照品溶液与供试品溶液各 10μL，注入液相色谱仪，测定，即得。

本品按干燥品计算，含黄芩苷（$C_{21}H_{18}O_{11}$）不得少于 9.0%。

（二）桔梗

参考《中国兽药典》2010 年版二部第 382 页桔梗药材的含量测定方法进行测定。

1. 色谱条件

检测波长：210 nm；色谱柱：C18（4.6mm × 250mm，5μm）；柱温：30℃；流速：1.0mL/min；流动相：A，0.05% 磷酸水溶液；B，纯色谱乙腈。记录时间 90min。

2. 供试品溶液的制备

取桔梗药材样品粉末 2g，粉末过 60 目筛，然后加入 50mL 体积分数为 50% 的甲醇，溶解，称定其重量，接着进行超声提取，时间为 30min；室温放冷，称重，以甲醇补足损失的重量，摇匀，过微孔滤膜（直径 0.22μm），取续滤液，备用。

3. 对照品溶液的制备

精密称取桔梗皂苷 D 标准对照品，以甲醇为溶剂制成 1mg/mL 的标准品溶液，以微孔滤膜（0.22μm）过滤、备用。

4. 样品含量测定

分别精密吸取不同地区的桔梗供试品溶液 20μL，注入高效液相色谱仪，记录 90min 的色谱图。测定方法在供试品的色谱图中，以桔梗皂苷 D 色谱峰的保留时间和峰面积为参照。

本品按干燥品计算，含桔梗皂苷（$C_{41}H_{68}O_{14}$）不得少于 0.10%。

（三）板蓝根

参考《中国兽药典》2010 年版二部第 275 页板蓝根药材含量测定方法进行测定。

1. 色谱条件与系统适用性试验

以十八烷基硅烷键合硅胶为填充剂；以甲醇-0.02% 磷酸溶液（7∶93）为流动相；

检测波长为 254nm。理论板数按（R，S）–告依春峰计算应不低于 5 000。

2. 对照品溶液的制备

取（R，S）–告依春对照适量，精密称定，加甲醇制成每 1mL 含 40μg 的溶液，即得。

3. 供试品溶液的制备

取本品粉末（过四号筛）约 1g，精密称定，置圆底烧瓶中，精密加入水 50mL，称定重量，煎煮 2h，放冷，再称定重量，用水补足减失的重量，摇匀，滤过，取续滤液即得。

4. 测定法

分别精密吸取对照品溶液与供试品溶液各 10～20μL，注入液相色谱仪，测定，即得。

本品按干燥品计算，含（R，S）–告依春（C_5H_7NOS）不少于 0.020%。

第三节　结果与讨论

一、性状

（一）黄芩

各产地本品性状基本类似，呈圆锥形，扭曲，表面棕黄色或深黄色，有稀疏的疣状细根痕，上部较粗糙，有扭曲的纵皱纹或不规则的网纹，下部有顺纹和细皱纹。质硬而脆，易折断，断面黄色，中心红棕色；老根中心呈枯朽状或中空，暗棕色或深黑色。气微，味苦。栽培品较细长，多有分枝。表面浅黄棕色，外皮紧贴，纵皱纹较细腻。断面黄色或浅黄色，略呈角质样。味微苦。

（二）桔梗

各产地本品性状基本类似，呈圆柱形或略呈纺锤形，下部渐细，有的有分枝，略扭曲，长 7～20cm，直径 0.7～2cm。表面白色或淡黄白色，不去外皮的表面黄棕色至灰棕色；具扭纵皱沟，并有横长的皮孔样斑痕及支根痕。上部有横纹。有的顶端有较短的根茎或不明显，其上有数个半月形茎痕。质脆，断面不平坦，形成层环棕色，皮部类白色，有裂隙，木部淡黄白色。气微，味微甜后苦。

（三）板蓝根

本品为圆柱形，稍扭曲，长 10~20cm，直径 0.1~1cm。表面淡灰黄色或淡棕黄色，有纵皱纹、横长皮样突起及支根痕。根头略膨大，可见暗绿色或暗棕色轮状排列的叶柄残基和密集的疣状突起。体实，质略软，断面皮部黄白色，木部黄色。气微，味微甜后苦涩。各产地本品性状基本类似。

二、鉴别

（一）黄芩

经薄层色谱分析，供试品色谱中，在与对照药材相应的位置上，显示相同颜色的荧光斑点，符合《中国兽药典》2010 年版二部黄芩药材规定。详见附图 3-1 所示。

（二）桔梗

经薄层色谱分析，供试品色谱中，在与对照药材相应的位置上，显示相同颜色的荧光斑点，符合《中国兽药典》2010 年版二部桔梗药材规定。详见附图 3-2 所示。

（三）板蓝根

经薄层色谱分析，供试品色谱中，在与对照药材相应的位置上，显示相同颜色的荧光斑点，符合《中国兽药典》2010 年版二部板蓝根药材规定，详见附图 3-3 所示。

三、浸出物

（一）黄芩

各产地的黄芩浸出物含量均大于 40.0%符合药典规定（表3-2）。

表 3-2　黄芩浸出物含量测定

样品序号	样品来源	浸出物含量（%）
1	内蒙古赤峰—野生	54.80

（续表）

样品序号	样品来源	浸出物含量（%）
2	陕西渭南—种植	53.50
3	河北承德—野生	57.20
4	山西运城—种植	46.59
5	山东莒县—种植	41.36
6	山东临沂—种植	52.35

（二）桔梗（表3-3）

表3-3 不同产地桔梗浸出物测定结果

序号	编号	药材产地	醇浸出物含量（%）
1	山东01	山东淄博赵庄村	18.49
2	山东02	山东淄博赵庄村	18.52
3	山东03	山东淄博赵庄村	18.23
4	山东04	山东淄博赵庄村	18.53
5	山东05	山东淄博赵庄村	18.66
6	山东06	山东淄博大里村	18.21
7	山东07	山东淄博大里村	18.34
8	山东08	山东淄博大里村	18.32
9	山东09	山东淄博三岔乡	18.11
10	山东10	山东淄博三岔乡	18.38
11	甘肃01	甘肃平凉	20.53
12	甘肃02	甘肃平凉	19.88
13	内蒙古01	内蒙古赤峰西山村	21.43
14	内蒙古02	内蒙古赤峰西山村	22.28
15	内蒙古03	内蒙古赤峰西山村	22.36
16	内蒙古04	内蒙古赤峰土城子村	23.15
17	内蒙古05	内蒙古赤峰土城子村	23.53
18	内蒙古06	内蒙古赤峰土城子村	23.17
19	内蒙古07	内蒙古赤峰东北地村	23.66

照醇溶性浸出物测定法项下的热浸法测定，不得少于17%，测定结果显示被检样品醇浸出物均合格。

（三）板蓝根（表3-4）

表3-4　板蓝根浸出物含量测定

样品序号	药材来源	醇浸出物含量（%）
1	山东菏泽	28.54
2	山东菏泽	29.26
3	山东胶南	28.49
4	甘肃陇西	26.81
5	甘肃岷县	28.72
6	黑龙江大庆	28.55
7	黑龙江大庆	29.36
8	河南禹州	26.78
9	安徽亳州	27.36
10	内蒙古赤峰	29.12

照醇溶性浸出物测定法项下的热浸法测定，不得少于25%，测定结果显示被检样品醇浸出物均合格。

四、含量测定

（一）黄芩

专属性试验取对照品、供试品溶液和空白对照，按色谱条件进样检测，记录色谱图。各峰分离度符合要求，理论板数按黄芩苷计算不低于3 000。溶剂峰不干扰测定，本方法专属性良好。

1. 线性关系

精密吸取以上对照品贮备液0.3mL、0.5mL、0.8mL、1.0mL、1.2mL，置于10mL棕色量瓶中，以流动相定容到刻度，分别进样20μL，以峰面积为纵坐标，浓度为横坐标，做回归曲线。得回归方程：$A = 74.308C + 1.3852$（$r = 1.0000$），表明黄芩苷对照品浓度为6.47~25.87mg/L，呈良好的线性关系。

2. 精密度试验

取同一黄芩苷对照品溶液（6.79mg/L），连续进样 5 次，每次 20μL，计算峰面积，RSD 为 0.79%，结果表明，仪器精密度良好。

3. 稳定性试验

取同一黄芩苷对照品溶液（6.79mg/L），在 0、2h、5h、8h、9h 分别进样 20μL，计算峰面积，RSD 为 0.86%，结果表明，供试品溶液在 8h 内基本稳定。

4. 回收率试验

取已知含量的样品（山东莒县，含量 10.57%）6 份各 0.2mL，分别加入相应的对照品贮备液，按供试品溶液的制备方法处理并定容至 10mL 后测定，计算回收率，结果分别为 100.07%、99.49%、100.98%、99.15%、103.85%、102.10%，平均回收率为 100.94%，RSD = 1.77%。

不同产地黄芩含量测定按药典要求制备好供试品溶液，精密吸取供试品溶液 20μL 注入液相色谱仪，测定峰面积，代入标准曲线计算即得（表3-5）。

表3-5　不同产地黄芩中黄芩苷含量测定（中粉，标准曲线法，$n=3$）

样品序号	样品来源	峰面积	C（mg/L）	样品重（g）	百分含量（%）
1	内蒙古赤峰—野生	1 468.9	20.74	0.3029	13.03
2	陕西渭南—种植	1 029.0	14.52	0.3029	9.13
3	河北承德—野生	1 522.0	10.74	0.3031	13.48
4	山西运城—种植	1 063.1	15.00	0.3007	9.50
5	山东莒县—种植	1 196.4	16.89	0.3044	10.57
6	山东临沂—种植	1 256.0	10.12	0.3006	12.76

通过对内蒙古赤峰—野生、陕西渭南—种植、河北承德—野生、山东莒县—种植、山东临沂—种植、山西运城—种植 6 种不同产地的黄芩中含黄芩苷含量的质量对比，依据 2010 版药典中黄芩项下的要求进行检测，各地黄芩在性状上看来有一定的区别。浸出物检查各产地的黄芩均大于 40%，符合药典要求，含量测定中各产地的黄芩的含量测定均符合药典要求（大于 8%），且野生黄芩含量比种植含量相对较高，在种植黄芩中，山东临沂>山东莒县>山西运城>陕西渭南。

（二）桔梗

专属性试验取对照品、供试品溶液和空白对照，按色谱条件进样检测，记录色谱图。各峰分离度符合要求，理论板数按桔梗皂苷 D 计算不低于 4 000。溶剂峰不干扰测定，本方法专属性良好。

1. 线性关系

精密吸取上述桔梗皂苷 D 对照品溶液 4μL、8μL、12μL、16μL、20μL，按上述色谱条件进样，以进样量（X）为横坐标，峰面积（Y）为纵坐标绘制标准曲线，得回归方程为：$Y = 293\ 890X + 160\ 532$，$r = 0.9997$。结果表明桔梗中桔梗皂苷 D 在 1.44 ~ 7.20μg 线性范围良好。

2. 稳定性考察

取同一供试品溶液 20μL，按照确定的色谱条件进行测定，连续进样 5 次，进样时间分别为 0、2h、4h、6h、8h，测得桔梗皂苷 D 的峰面积，计算 RSD。发现峰面积的 RSD 小于 3%，表明供试品溶液在 8h 内很稳定，符合含量测定的要求。

3. 精密度考察

取相同浓度的对照品溶液 20μL，连续进样 5 次，分析检测桔梗皂苷 D 的色谱峰面积，计算 RSD。结果峰面积的 RSD 小于 3%，表明仪器的精密度符合方法学要求。

4. 重复性考察

取待测样品溶液 5 份，平行操作 5 次，进行检测，分析桔梗皂苷 D 的色谱峰面积，计算 RSD。发现峰面积的 RSD 小于 5%，说明样品制备方法重复性好，符合有关要求。上述方法学考察结果表明，该方法简便、准确、重复性好，可用于桔梗药材中桔梗皂苷 D 含量的测定。

不同产地桔梗中皂苷含量见表3-6，结果显示，山东地区桔梗药材中桔梗皂苷 D 的含量高于甘肃和内蒙古。

表3-6　不同产地桔梗皂苷 D 的含量测定结果

序号	编号	采收时间	皂苷 D 含量（mg/g）	皂苷 D 平均含量（mg/g）
1	山东 01	2015 年 5 月	2.36	
2	山东 02	2015 年 5 月	2.45	
3	山东 03	2015 年 5 月	2.12	
4	山东 04	2015 年 5 月	2.32	
5	山东 05	2015 年 5 月	2.97	
6	山东 06	2015 年 5 月	2.09	2.24
7	山东 07	2015 年 5 月	1.98	
8	山东 08	2015 年 5 月	1.90	
9	山东 09	2015 年 5 月	2.18	
10	山东 10	2015 年 5 月	2.06	

（续表）

序号	编号	采收时间	皂苷 D 含量（mg/g）	皂苷 D 平均含量（mg/g）
11	甘肃 01	2015 年 5 月	1.38	1.27
12	甘肃 02	2015 年 5 月	1.16	
13	内蒙古 01	2015 年 5 月	1.79	
14	内蒙古 02	2015 年 5 月	1.43	
15	内蒙古 03	2015 年 5 月	1.58	
16	内蒙古 04	2015 年 5 月	1.79	1.63
17	内蒙古 05	2015 年 5 月	1.48	
18	内蒙古 06	2015 年 5 月	1.59	
19	内蒙古 07	2015 年 5 月	1.73	

（三）板蓝根

专属性试验取对照品、供试品溶液和空白对照，按色谱条件进样检测，记录色谱图。各峰分离度符合要求，理论板数按尿苷峰计算不低于 10 000。溶剂峰不干扰测定，本方法专属性良好。

1. 线性关系

精密量取对照品储备液，分别加水稀释，摇匀，配制成（R，S）-告依春质量浓度为 2.043μg/mL、4.086μg/mL、8.172μg/mL、20.43μg/mL、30.65μg/mL、40.86μg/mL、61.29μg/mL、102.2μg/mL 的系列对照品溶液。在色谱条件下，进样检测，记录色谱图。以对照品质量浓度（ρ）为横坐标，峰面积（A）为纵坐标绘制标准曲线。回归方程：$A = 0.959\rho + 2.3257$，$r = 0.9998$，线性范围为 2.043~102.2μg/mL。

2. 稳定性试验

取同一供试品溶液，分别于 0、2、4、8、12h 按色谱条件测定。在室温条件下，（R，S）-告依春峰面积的 RSD 值为 0.93%，表明供试品溶液在室温 12h 内稳定。

3. 精密度试验

取同一供试品溶液，连续进样 6 次，按色谱条件测定并记录峰面积。（R，S）-告依春峰面积的 RSD 值为 0.49%，表明仪器精密度良好。

4. 重复性试验

取同一批板蓝根样品，精密称定，按供试品制备方法平行制备供试品溶液 6 份，按色谱条件测定，以外标一点法计算质量分数。（R，S）-告依春质量分数平均值为

0.039%，RSD 值为 0.72%，表明本方法重复性良好。

5. 加样回收率试验

取已知质量分数的同一批板蓝根约 0.5 g，精密称定，共 6 份，置 100mL 圆底烧瓶中，分别精密加入对照品溶液 1mL［（R，S）-告依春质量浓度为 0.1006mg／mL]，按照供试品制备方法制备供试品溶液，按色谱条件进样检测，测定质量分数，计算（R，S）-告依春的平均回收率（n=6）为 99.4%（RSD=0.97%）（表 3-7）。

表 3-7　板蓝根中（R，S）-告依春的回收率试验结果

样品量 （g）	样品中量 （mg）	加入量 （mg）	测得量 （mg）	回收率 （%）	平均回收率（%）	RSD（%）
0.5090	0.1985	0.2032	0.3991	98.7	99.4	0.97
0.5030	0.1962		0.4002	100.4		
0.5035	0.1964		0.3992	99.8		
0.5025	0.1960		0.3966	98.7		
0.5025	0.1960		0.4000	100.4		
0.5000	0.1950		0.3946	98.2		

板蓝根药材的测定取板蓝根药材粉末约 1 g，精密称定，按供试品制备方法制备供试品溶液，精密吸取对照品、供试品溶液 2μL，按色谱条件方法测定并计算样品中（R，S）-告依春的质量分数，结果见表 3-8。

表 3-8　板蓝根药材信息

样品序号	药材来源	（R，S）-告依春含量（%）	平均含量（%）
1	山东菏泽	0.039	
2	山东菏泽	0.051	0.043
3	山东胶南	0.040	
4	甘肃陇西	0.042	
5	甘肃岷县	0.017	0.029
6	黑龙江大庆	0.043	
7	黑龙江大庆	0.040	0.042
8	河南禹州	0.032	—
9	安徽亳州	0.043	—
10	内蒙古赤峰	0.027	—

检测结果显示，甘肃地区药材含量差别相对较大，岷县板蓝根药材含量为 0.017%，尚未达到《中国兽药典》2010 年板二部 0.020% 的标准要求，原因可能与品种、种质、产地、生态环境（经度、纬度、海拔、土壤、水质、空气、气候等）、栽培技术、生长年龄、药用部位、采收、产地加工、包装、运输与储藏等因素有关，因此需要进一步进行调研分析；其余地区药材含量均符合国标要求，山东和黑龙江的药材 (R，S) -告依春含量超过国标 1 倍，品质相对较好。因此在山东、黑龙江做板蓝根种植产业化开发意义较大。

第四节　结　论

以上检测结果显示，黄芩、桔梗、板蓝根药材的有效成分含量较高，品质较好，具备进一步开发利用的价值。

第四章　药材紫锥菊引种栽培和药材标准化研究

　　紫锥菊虽然不是中国的传统药材，但国际悠久的使用历史和大量的科学研究证明其在增强免疫和抗感染方面确切有效，是世界共有的一个宝贵财富。20 世纪 90 年代肖培根院士向国内介绍了紫锥菊作为免疫调节剂在国际上的使用情况，此后国内开始对进口紫锥菊进行研究，有多个研究表明，紫锥菊的免疫增强作用与我国传统补益中药黄芪作用相当，预示着紫锥菊作为免疫增强剂有可能成为我国的一种新的药用植物资源。而我国中医药学素有吸收外来天然药物的传统，如西洋参、水飞蓟等都是从国外引种的药用植物，因此对紫锥菊进行引种栽培的研究，必将丰富我国的中医药理论宝库。

　　我国已于 2012 年和 2014 年分别批准了紫锥菊地上部分〔农业部公告第 1787 号〕和紫锥菊根〔农业部公告第 2171 号〕作为国家一类和二类新兽药，其制剂产品紫锥菊口服液〔农业部公告第 1787 号〕、紫锥菊末〔农业部公告第 1787 号〕、紫锥菊根末〔农业部公告第 2171 号〕也得以产业化应用。我们重点对山东成功引种的紫锥菊药材进行了系统性标准化研究，以期为紫锥菊的推广应用提供技术支持。

　　已有的研究表明，松果菊属植物的化学成分主要含烷基酰胺类和咖啡酸衍生物，此外，还含有多糖、糖蛋白、生物碱类、多炔类、植物甾醇、黄酮类、倍半萜类、不饱和酮类等成分。自 1954 年至今，已从松果菊属植物中分离鉴定了 22 个烷基酰胺类化合物，15 个咖啡酸类化合物，9 个不饱和酮类化合物，5 个倍半萜类化合物，2 个生物碱。

　　从文献记载看，松果菊属植物主要用于促进机体的免疫功能及对抗各种感染。关于本属植物的药效学研究有相当多的文献报道，张英涛等对松果菊地上部分的 50% 乙醇提取物进行了系统的药效学研究，结果证明，松果菊对细胞免疫、体液免疫及非特异性免疫功能具有增强作用，此外还有抗炎、抗菌、抗病毒等作用。

　　上海医药工业研究院观察紫锥菊药材对昆明种小鼠溶血素的影响、腹腔巨噬细胞吞噬功能的影响以及对 C57 小鼠 NK 细胞活性及淋巴细胞转化的影响，结果都表明紫锥菊对非特异性免疫、体液免疫及细胞免疫 3 个方面都有一定的免疫增强作用。

第一节　紫锥菊引种栽培与收集鉴定

一、紫锥菊标准化种植基地建立

研究组于青岛城阳建立紫锥菊标准化种植基地 35 亩，该园区以打造国际化现代农业为目标，以优质、高产、高效、生态、安全为重点，以信息化技术、生物技术、低残留农业投入品和新型农业装备等高端技术为手段，以农业科技创新为支撑，推广现代高新农业生产技术，建设成为集科技创新、农业生产、示范推广、技术培训为一体的规模较大、功能齐全的现代农业科技示范园区。同时，在青岛河套工业园和安徽桐城种植紫锥菊 1 亩以及 200 亩，作为不同地区紫锥菊品质的考察。

二、紫锥菊高品质栽培种植技术、标准化种植操作规范

根据产地调查的栽培技术和各地引种栽培文献进行整理。紫锥菊的栽培研究在 20 世纪初期已开始，其中紫锥菊最容易栽培，在北美和欧洲有较大面积的种植，我国浙江、北京、湖南、湖北、陕西、四川、江西等地已栽培成功，在栽培成功地区通常采用种子繁殖技术生产原药材。

（一）育苗

各地育苗时间不同，以能满足不同育苗地区紫锥菊种子萌发所需温度和湿度而定。有春播和秋播两种，安徽、湖南、四川等南方省多为春播；北京怀柔等北方地区通常秋播。

苗床选择排水良好、土质肥沃的土地。施足腐熟肥、厩肥等有机肥，土层深翻 30cm，浇足保墒水；根据地块，整成宽 1.5m、高 30cm 的高畦苗床，整平。

1. 播种

南方于 2—3 月间播种，北方于 11 月中旬播种。每亩苗田用种子 3~6kg，将种子均匀的撒于床面上，薄撒一层细土，覆盖地膜以保持湿润。

2. 苗期

通常播种后 7~14 天发芽，保持苗床湿润，北方应注意冬季保温，可以在苗床上覆盖草苫。幼苗期生长较缓慢，要人工及时除草。一般移栽前，炼苗 5~7 天。选择生长良好、无病虫害、根系完整、80% 以上真叶达到 3~4 片的幼苗移栽。

（二）移栽

一般于早春移栽，虽然秋天也可以移栽，但由于气温低，苗容易遭冻害，降低成活率。栽培大田应根据紫锥菊的习性，选择光照充足、排水良好、土壤深厚、肥沃疏松、不积水的平坦土地或缓坡。施足基肥，深耕土层，碎土，高畦或平畦。株、行距 25 ~ 35cm。在移栽前 1 天对苗床喷 1 次百菌清，带药移栽。

（三）大田管理

紫锥菊苗容易成活，移栽后通常无死苗和病虫害现象发生。移栽后每 10 ~ 15 天中耕除草 1 次。适时浇水促进根、茎、叶发育以及抽薹开花。栽培期间不使用任何化肥、农药和化学除草剂。紫锥菊前期生长缓慢，中后期长势较好，生长前期要补充氮肥，后期补充磷钾肥。

（四）病虫害防治

紫锥菊的病虫害较少，主要有两种。

枯萎病：根或根头处首先腐烂，然后整株枯萎。主要原因是移栽时的病菌感染及地下害虫咬根引起。防治方法：移栽时消毒并及时消灭地下害虫。

黄叶病：叶色变黄，呈透明状，植株矮化，花开后呈畸形，失去紫色。生长第 2、第 3 年更易发生。植株第 1 年感染后，第 2 年才会发生症状。防治方法：发现病株，及时拔除，并消毒处理。

三、紫锥菊资源收集（表 4-1）

表 4-1　样品来源与产地

编号	样品部位	产地	原植物
1-24	紫锥菊茎花序	四川青川	*Echinacea purpurea*（L.）Moench.
1-234	紫锥菊茎叶花序		
2-1	紫锥菊根及根茎	青岛胶州基地	*Echinacea purpurea*（L.）Moench.
2-2	紫锥菊茎		
2-3	紫锥菊叶		
2-4	紫锥菊花序		

（续表）

编号	样品部位	产地	原植物
3	紫锥菊药材粉末剂	四川青川	*Echinacea purpurea*（L.）Moench.
4	紫锥菊鲜根	北京怀柔沙峪口	*Echinacea purpurea*（L.）Moench.
4-234	紫锥菊茎叶花序		*Echinacea purpurea*（L.）Moench.
5	淡紫紫锥菊鲜根	北京怀柔沙峪口	*Echinacea pallida*（Nutt.）Nutt.
5-24	淡紫紫锥菊茎花序		*Echinacea pallida*（Nutt.）Nutt.
6	狭叶紫锥菊鲜根	北京怀柔沙峪口	*Echinacea angustifolia* DC.
6-24	狭叶紫锥菊茎花序		*Echinacea angustifolia* DC.
7	紫锥菊鲜根	山东临沂	*Echinacea purpurea*（L.）Moench.
3-234	紫锥菊茎叶花序	湖北襄樊	*Echinacea purpurea*（L.）Moench.
9-12	紫锥菊根、茎	安徽桐城	*Echinacea purpurea*（L.）Moench.
9-3	紫锥菊叶	安徽桐城	*Echinacea purpurea*（L.）Moench.
9-4	紫锥菊花序	安徽桐城	*Echinacea purpurea*（L.）Moench.
11	紫锥菊茎叶花粉末	湖南长沙美可达	*Echinacea purpurea*（L.）Moench.
12-234	紫锥菊茎叶花序	浙江淳安枫树岭镇	*Echinacea purpurea*（L.）Moench.
13-234	紫锥菊茎叶花序粉末	四川成都	*Echinacea purpurea*（L.）Moench.
15	紫锥菊茎叶颗粒	USA	*Echinacea purpurea*（L.）Moench.
16	紫锥菊根颗粒	USA	*Echinacea purpurea*（L.）Moench.
17	狭叶紫锥菊根颗粒	USA	*Echinacea angustifolia* DC.

紫锥菊 *Echinacea purpurea*（L.）Moench.，英文名：Purple cone flower。

1. 原产及引种

原产北美洲中部。目前野生很少，美国、加拿大、英国有人工种植。

中国各地有引种，主要分布于北京、安徽、湖南、浙江、湖北、陕西、四川、云南等地，各地还作为花卉观赏植物。

2. 同属植物

同属植物狭叶紫锥菊（*Echinacea angustifolia* DC.）和淡紫紫锥菊［*Echinacea pallida*（Nutt.）Nutt.］也药用，但产量和用量较少。

3. 样品调查与收集地

四川广元市成林药业有限公司四川青川县（E 105°14′，N 32°35′，海拔820m）。

四川成都华康生物工程有限公司四川成都金堂县（E 104°26′，N 30°51′，海拔

449m）。

安徽桐城维庆药用植物有限责任公司安徽桐城老梅镇（E116°53.082′，N30°54.287′，海拔71m）。

北京怀柔科委药用植物研究所北京怀柔沙峪口（E116°30.486′，N40°15.574′，海拔64m）。

湖南长沙美可达药业公司湖南长沙浏阳洞阳镇（E113°22.485′，N28°12.508′，海拔71.2m）。

浙江淳安枫树岭镇中药材专业合作社（E119°01′，N29°37′）。

湖北省襄樊（E 112°05′，N 32°04′）。

山东临沂大学（E 118°35′，N 35°05′）。

青岛胶州市胶莱镇青岛农业大学现代农业科技示范园（E120°03′56.42″，N36°26′32.22″）。

将收集的样品进行整理、栽培与鉴定。

四、来源及鉴定

（一）来源

2013年3月，将从美国购入的紫锥菊种子育苗后移栽至青岛胶州市胶莱镇青岛农业大学现代农业科技示范园，4月出苗，5月展叶抽茎，5月底始花。参考相关资料对开花植株进行鉴定。

在国内收集的样品被鉴定为3个种。

紫锥菊——菊科植物紫锥菊 *Echinacea purpurea*（L.）Moench.

狭叶紫锥菊——菊科植物狭叶紫锥菊 *Echinacea angustifolia* DC.

淡紫紫锥菊——菊科植物淡紫紫锥菊 *Echinacea pallida*（Nutt.）Nutt.

（二）鉴定依据

依据参考文献进行鉴定。

（三）样品鉴定结果

所有样品经鉴定，结果如下。

1~4，7~16 号样品均为菊科植物紫锥菊 *Echinacea purpurea*（L.） Moench.，习称紫花松果菊。见附图 4-1、附图 4-2、附图 4-4A。

5 号样品为菊科植物淡紫紫锥菊 *Echinacea pallida*（Nutt.） Nutt.，习称淡紫松果菊，白松果菊。见附图 4-4B。

6、17 号样品为菊科植物狭叶紫锥菊 *Echinacea angustifolia* DC. 习称狭叶松果菊。见附图 4-3、附图 4-4C。

根据产地分布，紫锥菊 *Echinacea purpurea*（L.） Moench. 在国内引种最为普遍，北京怀柔、安徽桐城、湖南浏阳、浙江淳安、湖北襄樊等地引种品均为此种，山东以前尚未有人引种紫锥菊。紫锥菊也是国内栽培紫锥菊、紫锥菊药材、紫锥菊提取物、紫锥菊保健品、紫锥菊药物开发研究的主要来源。

淡紫紫锥菊［*Echinacea pallida*（Nutt.） Nutt.］和狭叶紫锥菊［*Echinacea angustifolia* DC.］仅在北京怀柔有少量引种，其他各地引种多不成功。国内没有提供商品药材。

经调查研究证实，国内引种的三种紫锥菊的种子均引种于美国和加拿大。

（四）结论

本项研究中，共收集了国内安徽桐城、四川青川、北京怀柔、浙江淳安等十余家引种栽培的紫锥菊原材料，其中包括生产厂家原材料的生产基地四川、浙江、安徽等地的产品。依据《美国药典》（USP 30），北美植物志（Flora of North America）以及目前的研究资料，将所收集的 27 份样品鉴定为三个种，即紫锥菊 *Echinacea purpurea*（L.） Moench.、狭叶紫锥菊 *Echinacea angustifolia* DC. 和淡紫紫锥菊 *Echinacea pallida*（Nutt.） Nutt.。

紫锥菊 *Echinacea purpurea*（L.） Moench. 在国内引种最为成功，是目前国内栽培、提供药材、药物开发研究的主要来源。后二者仅局部地区少量引种。

第二节　紫锥菊生态环境、生长特征、形态描述、产地加工

一、生态环境

紫锥菊分布于北美，原野生于加拿大的马尼托巴湖及萨斯喀彻温省的东南部及美国

中南部的一些开阔林带和大草原，世界各地多有栽培。喜生于光照充足、通风良好的地区，耐高温、干旱、高湿，适应性强，对土壤的要求不严。

从调查结果看，从北京怀柔山区干旱的沙壤土，到安徽桐城湿润的水稻土、青岛胶州的棕壤土、湖南长沙浏阳潮湿黄红壤均生长旺盛。一般选择阳光充足、通风良好、土质肥厚的壤土或沙壤土栽培较好，在排水良好、无污染的大田、山谷、溪边等均可种植。

调查范围：E104°36′~E120°03′56.42″，N 28°12.508′~N 40°15.574′；海拔 64~71.2m [安徽桐城 E116°53.082′，N 30° 54.287′；海拔 71m。湖南浏阳 E113°22.485′，N 28°12.508′；海拔 71.2m。河北怀柔 E116°30.486′，N 40°15.574′；海拔 64m。浙江淳安枫树岭镇 E119°01′，N 29°37′。青岛胶州 E120°03′56.42″，N36°26′32.22″。四川青川 E104°36′~105°38′，N32°12′~32°56′。山东临沂 E118°35′，N35°05′]。

二、生长特征

根：分布于耕作层，侧根多。根茎处易萌发多数不定根，可分株繁殖。

茎：当幼苗长出一定数量的真叶时开始抽茎数条，然后再分枝。株高约 80cm，直径约 1cm。

叶：基生叶丛生，茎生叶互生，卵形或卵状披针形，边缘具疏锯齿，叶柄长 5~15cm。

花：头状花序，5 月上中旬萌蕾，花期直至 9 月，舌状花 20 朵左右，粉紫红色，花后期下折。

果：瘦果，2 心皮，种子 10 月成熟。

物候期：北方于 11 月上冻前冬播，翌年 3—4 月出苗；南方于 2—3 月播种，约 20 天出齐。真叶 3~4 片移栽，5 月中旬为始花期，6 月中旬至 9 月中旬盛花期，9 月以后果实陆续成熟，11 月为枯萎期。

三、植物形态

（一）紫锥菊 *Echinacea purpurea*（L.）Moench.

多年生草本。主根圆锥形，长 14~30cm，有多数侧根；根茎部易于萌生侧芽及不定根。茎直立，高 80~100cm，表面绿色或褐绿色，具褐紫色条斑及白色糙毛，中部以上具分枝。基生叶略呈莲座状，<u>丛生</u>，叶片卵状披针形或宽披针形，长 3.5～18cm，宽 1.8～6cm，具长柄；茎生叶互生，卵状披针形，也具长柄。头状花序，总苞 4～5 层，绿色，边缘略膜质；花序生于抽出的花茎顶端，舌状 20 余朵，粉紫红色或紫红色，长条形，花后期自基部向下折；管状花黄色，密集于半球形或阔圆锥形的花序托上（形如松果），小苞片狭长，包被于管状花的外侧，先端具锐刺。瘦果，2 心皮。花、果期 5—10 月（附图 4-5）。

（二）淡紫紫锥菊 *Echinacea pallida*（Nutt.）Nutt.

多年生草本。根粗壮，单生。株高 40～60cm；茎表面密被白色粗毛。叶近簇生于茎基部，连叶柄长 8～35cm，宽 1.8～3cm；叶片长披针形或宽披针形，先端急尖，全缘，长 4～31cm，宽 1～3.5cm，两面疏生白色刚毛，叶缘处较密，具有 3～5 脉，其中 3 脉明显；全缘；略革质；叶柄长约 10cm。花茎单一，自基部生出，头状花序球形，直径 2.5～3cm；花序下有数轮披针形总苞片，边缘具较密刚毛；舌状花粉红色或淡紫红色，（13～15）～18 朵，长 5～6cm，宽 0.5～0.7cm，先端不裂或浅二裂，下垂；托片倒卵楔形，先端长喙尖，全长 1.5～1.8cm，对折，喙尖红紫色；管状花多数，花萼四方形，先端不规则四齿裂，花冠长筒状，粉白色；花药 5 个，褐色，伸出花冠；子房下位，花柱近顶端 1/3 处分成 2 叉，亮紫色，外侧生有紫色毛，内侧深紫色。瘦果具 4 棱。花、果期 5—10 月（附图 4-6A）。

（三）狭叶紫锥菊 *Echinacea angustifolia* DC.

多年生草本，株高 30～45cm。主根肉质，长圆柱形，长 22～31cm，最长可达 1m，并有多个发达的分支，表面黄褐色。茎直立，少有分支，具浅槽或纵棱，被较硬的刚毛。叶多基生，单叶，连柄长 8～25cm；叶片狭披针形或宽披针形，先端急尖，全缘，长 6～18cm，宽 1～5cm，两面被白色刚毛，具 3（5）出脉；叶柄长 2～7cm，具狭翅；茎生叶近对生或互生，近无柄。头状花序单生枝端，花托凸起成半球形至球形，直径 2～4cm，具有长于管状花的细长而具硬尖的托片；舌状花一轮，舌状，淡粉红色，12～21 朵小花，花冠长 2.6～3cm，宽约 1cm，伸展，后期稍下垂，先端具有 2～3 齿；管状花多数，两性；托片狭长卵状，稍对折，黄色，至尖端渐变为紫红色；花萼具 4 齿，1 长 3 短；花冠长筒状，白色，具 5 齿；花药 5 枚，紫色，与花冠近等长；子房下位，花柱近顶端 1/3 分成 2 叉，分叉紫红色，外向生有紫色毛；瘦果倒圆锥状，具 4 棱，长

4~5mm；冠毛具冠齿。花、果期6—10月（附图4-6B）。

（四）三种紫锥菊植物形态检索表

1. 叶卵状披针形或宽披针形，边缘有疏锯齿；株高60cm以上 ……………………

……………………………………………………… 紫锥菊 Echinacea purpurea（L.）Moench.

1. 叶狭披针形、披针形或宽披针形，全缘；株高60cm以下

    2. 株高约至60cm，叶连叶柄长约至35cm，头状花序舌状花长4~6cm，淡浅紫红色，下垂 …………………… 淡紫紫锥菊 Echinacea pallida（Nutt.）Nutt.

    2. 株高约至45cm，叶连叶柄长约至25cm，头状花序舌状花长2~2.5cm，淡紫色或粉白色，伸展或稍下垂 …………………… 狭叶紫锥菊 Echinacea angustifolia DC.

四、采收加工

药材采收、加工炮制

1. 采收

紫锥菊的最佳采收时间参考了大量的文献报道，最终依据种植基地紫锥菊的采收时间以及药材的质量而制定。一般于盛花期采收地上部分，通常每年可以采收地上部分两次，第一次于6月底花期采收，第二次于霜降前的10—11月花果期采收地上部分和根。

（1）参考文献报道的各地紫锥菊的采收时间和加工方法。

缪志林对紫锥菊不同部位的采收时间进行了详细描述。根一般是生长3年采收，开花初期，将植株地上部分1/3~1/2割去，以保证根部有效成分含量的增长；霜降后挖根，并避免细根损失；采收后，用1%的双氧水消毒，烘干。茎叶在盛花期采收，晴天收获后及时晒干。种子于10月采收，选择翌年生长良好的植株，待花柄由上至下开始枯萎、种子要掉落时，剪下花序，晒干，用木棍敲打，或放到粉碎机中粉碎后，再通过风选、筛选等方法将种子分离纯化。

郝团军报道，紫锥菊全草入药，当年种植，当年采收。收割后根系翌年可继续萌芽生长。每年采割1~2次，以花期采收为好。第1次在盛花中期（7月上旬前后），第2次在入秋前，叶片茎秆没有发黄之前采收，采后就地晾干，避免淋雨植株变黄。北方通常在秋季盛花期，南方通常在6—7月盛花期或秋季花果期采割地上部分。

窦德明等采用高效液相色谱法测定了北京引种（原产地加拿大）紫锥菊的不同生长期、不同部位中菊苣酸含量，并测定了醇溶性提取物的得率。结果以盛花期和花后期的地上部分菊苣酸含量最高，分别为 1.021% 和 1.108%，醇溶性浸出物得率亦高，分别达 23.0% 和 22.0%（表 4-2）。

表 4-2 紫锥菊不同采收期、不同部中浸出物和菊苣酸含量比较

样品	醇提取物（%）	醇提取物中菊苣酸含量（%）	药材中菊苣酸含量（%）
始花期地上部分	15.8	3.70	0.588
花期地上部分	19.0	4.18	0.794
盛花期地上部分	23.0	4.40	1.021
花后期地上部分	22.0	5.04	1.108
花绝大部分凋落地上部分	22.0	2.32	0.510
花期根及根茎	16.7	4.61	0.769

结果表明，紫锥菊在盛花期采收，药材中的菊苣酸含量与醇提物中菊苣酸含量最高，应该属于最佳采收期。这与国内各地引种紫锥菊的采收时间相吻合。

（2）紫锥菊生产基地的采收时间的确定。

目前安徽桐城紫锥菊生产基地的采收时间有两个。

一是当年育苗移栽（一年生）的紫锥菊 6 月初花期，10 月上旬盛花期，10 月下旬果期。通常于 10 月上旬（秋季）盛花期采收，为目前生产紫锥菊药材的主流。

二是留茬苗（二年生）全年可开两茬花，第一茬 4 月中旬初花期，6 月上旬盛花期，6 月下旬果期，采收地上部分后追施有机肥；第二茬 8 月中旬初花期，10 月下旬盛花期，11 月果期。通常于 6 月上旬和 10 月下旬两个盛花期采收。由于留茬苗 6 月上旬的采收期正值南方的梅雨季节，时常下雨给加工干燥造成很多困难，如果不能及时干燥，紫锥菊茎叶会变成黑色，导致菊苣酸含量急剧下降。故该基地目前以留茬苗方式生产的紫锥菊很少。

本试验比较了 3 个不同采收时期的药材性状与菊苣酸含量（表 4-3）。

表4-3　胶州基地不同季节采收的紫锥菊药材性状与质量比较

比较项目	一年生	二年生	
	10月上旬采收	6月上旬采收	10月下旬采收
茎	茎长60~100cm，常切成小段。表面绿褐色至紫褐色，具紫褐色斑纹	茎长90~120cm，常切成小段。表面绿褐色至紫褐色，常因干燥不当呈绿棕色或灰绿褐色，或有黑斑	长40~60cm，其他同一年生茎
节间长	3~11cm	6~16cm	2~10cm
叶片大小	长3.5~18cm，宽1.8~6cm	长2.5~13cm，宽1~4cm	长3~17cm，宽1~5cm
叶的比例	约占药材总量的30%	约占药材总量的20%	约占药材总量的30%
产地加工	雨水少，可以及时干燥，药材质量优	梅雨季节，难以干燥加工。茎叶时常变黑或发霉	雨水少，可以及时干燥，药材质量优
占全年药材总产量的比例	100%	60%	40%
菊苣酸平均含量	0.550%	0.490%	0.526%

　　结果表明，紫锥菊一年生药材10月上旬（即秋季）盛花期采收的药材性状较其他时期采收的药材稳定且性状优良，二年生6月上旬采收的药材量占全年总产量的60%，10月下旬采收药材量占全年总量的40%，因此一年生紫锥菊可于10月上旬采收一次药材，二年生药材分别于6月上旬和10月下旬采收一次药材。

　　2. 加工炮制

　　采收后应及时干燥，否则颜色变黑，含量明显下降。通常将各部位分别加工，即分成根、茎、叶、花序等几部分，根应除去泥土，茎应除去老茎。晒干或于60℃以下烘干。机器加压打包，贮存于阴凉干燥通风处。北京地区通常于6月至8月中旬收获。采收时在距地面10cm的基部收取地上部分，除去杂草，晒干或烘干（40~45℃）后切段密封保存，但经过含量检测发现这种保存方法菊苣酸损失较大，因此我们开展了紫锥菊药材紫锥菊鲜品冷藏时间、蒸制时间及鲜品冷冻情况，具体分析方法及结果如下。

　　（1）紫锥菊鲜品冷藏时间考察。

　　①紫锥菊鲜品茎、叶、花各部位菊苣酸的含量测定：液相测定茎、叶、花鲜品的含量，方法参考《紫锥菊质量标准》，由于鲜品的含水量较高，同时为减少误差故取样量增加至10g，提取溶剂为70%甲醇200mL。照高效液相色谱法测定。

供试品溶液的制备为减少误差，取剁碎后的紫锥菊茎、叶、花鲜品约10g精密称定，置圆底烧瓶中，精密加入70%甲醇200mL，称定重量，加热回流30min，放冷，再称定重量，用70%甲醇补足减失的重量，摇匀，过滤，取续滤液即得。

测定法分别精密吸取对照品溶液与供试品溶液各10μL，注入液相色谱仪，测定即得。

经分析得到紫锥菊药材鲜品茎、叶、花的菊苣酸含量分别为：茎0.218%、叶1.42%、花2.37%；以干品计分别为：茎0.26%、叶1.54%、花2.36%。

②紫锥菊全草中的菊苣酸含量：

茎、叶、花重量比测定

将紫锥菊鲜品以20株为一组，将其茎、叶、花分开，分别称重，计算紫锥菊鲜品的茎、叶、花的重量比，结果见表4-4。

表4-4　紫锥菊鲜品的茎、叶、花重量比

组别	茎（g）	叶（g）	花（g）
1	262.0	310.5	166.5
2	399.5	465.5	153.0
3	350.6	294.0	136.0
4	324.0	349.0	151.0
平均值	334.0	354.8	151.6

从表4-4数据可以看出，茎、叶、花的比例基本为茎：叶：花=2：2：1。

水分测定

紫锥菊的茎、叶、花鲜品剁碎，分别测定水分，结果见表4-5。

表4-5　紫锥菊鲜品的茎、叶、花的水分

组别	茎（%）	叶（%）	花（%）
1	71.73	77.58	75.28
2	72.41	78.08	73.68
平均值	72.07	77.83	74.48

由表4-5可知，该批鲜品（盛花期）药材茎、叶、花的平均含水量约为75%。

紫锥菊茎、叶、花的菊苣酸总量比

根据表4-6紫锥菊茎、叶、花的菊苣酸含量折算其菊苣酸含量比例为茎：叶：花=1.00：7.92：4.49。

表4-6 茎、叶、花含量比较

组别	茎	叶	花
菊苣酸含量仅占全草总含量的比例（%）	7.46	59.06	33.48
干重占全草重量（%）的比例	38.22	43.85	17.93

紫锥菊全草的菊苣酸含量

根据以上数据折算紫锥菊全草的菊苣酸含量为1.23%。

③菊苣酸含量随药材冷藏时间的变化：将紫锥菊鲜药材的茎、叶、花分别冰箱冷藏（0℃）保存1、3、5、7天，进行含量检测，得紫锥菊鲜品菊苣酸含量随冷藏时间的变化情况，结果见表4-7和图4-1。

表4-7 紫锥菊鲜品冷藏时间考察结果（菊苣酸含量%，菊苣酸损失率%）

组别	鲜品（0天）	冷藏1天		冷藏3天		冷藏5天		冷藏7天	
		含量	损失率	含量	损失率	含量	损失率	含量	损失率
茎	0.218	0.194	11.0	0.195	10.6	0.215	1.4	0.115	47.2
叶	1.590	1.19	25.2	1.075	32.4	0.765	51.9	0.730	54.1
花	2.370	2.15	9.3	1.930	18.6	1.650	30.4	0.765	67.7

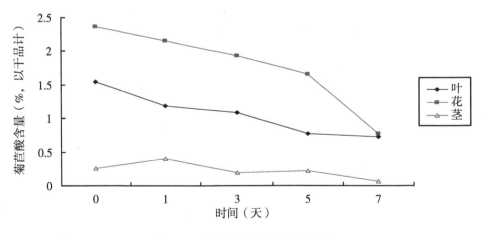

图4-1 紫锥菊鲜品冷藏时间考察

从上述结果可以看出，紫锥菊的茎、叶、花的菊苣酸含量随时间逐渐减少，从含量变化趋势上可以看出，0℃冷藏1~2天是可行的，冷藏时间越长，菊苣酸含量下降越严重。

（2）鲜品冷冻情况考察。考虑到冷冻能量消耗远高于冷藏，冷冻3天的意义不大，因此仅考察了将紫锥菊的茎、叶、花分别冷冻5天和7天，测其菊苣酸含量，结果如下（表4-8、图4-2）。

表4-8 紫锥菊鲜品茎、叶、花冷冻含量测定结果（菊苣酸含量%，损失率%）

组别	鲜品（0天）	冷冻5天		冷冻7天		冷藏5天		冷藏7天	
		含量	损失率	含量	损失率	含量	损失率	含量	损失率
茎	0.218	0.060	72.5	0.065	70.2	0.215	1.4	0.115	47.2
叶	1.590	1.135	28.6	1.120	29.6	0.765	51.9	0.730	54.1
花	2.370	1.320	44.3	1.795	24.3	1.650	30.4	0.765	67.7

试验结果显示，总体看来冷冻5天和7天菊苣酸含量高于冷藏相同时间的含量，但菊苣损失过多，再加上耗费能量较多，因此不适合产业化应用。

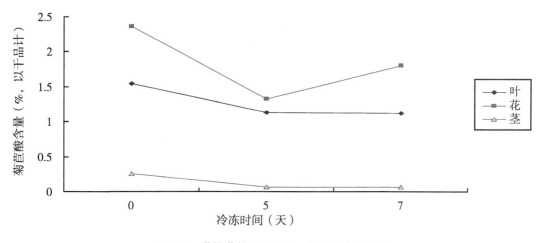

图4-2 紫锥菊鲜品茎、叶、花冷冻含量测定

（3）鲜品炮制条件考察。经初步试验得知，紫锥菊经水蒸气蒸制后菊苣酸含量要比没有蒸制的高，因此考察了不同蒸制时间对药材菊苣酸含量的影响。分别将紫锥菊药材切成5~10cm小段，分别进行水蒸气蒸制5min、10min、15min、20min及25min后，80℃烘干，粉碎，按照紫锥菊质量标准进行含量检测，结果如图4-3、表4-9所示。

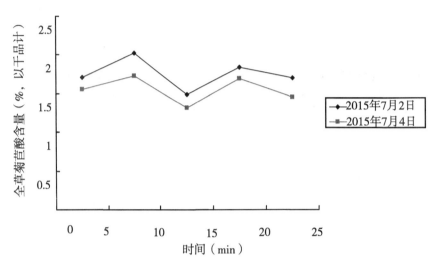

图4-3 菊苣酸不同蒸制时间考察（两次试验对比数据）

表4-9 菊苣酸不同蒸制时间考察结果（菊苣酸含量%）

组别	鲜品含量	蒸制					
		5min	10min	15min 样1	15min 样2	20min	25min
一次检测	1.23	1.71	2.02	1.43	1.545	1.835	1.695
二次检测	—	1.55	1.73	1.34	1.285	1.69	1.45
二次检测	—	—	—	沸水投入 1.36	沸甲醇投入 1.46	—	—

从表4-9可以看出，紫锥菊药材蒸制10min和20min，菊苣酸的含量较高，蒸制15min的菊苣酸含量比蒸制10min和20min都低，重复测定两次，均是类似的结果，原因有待进一步分析。建议蒸制时间5～10min即可，蒸制后尽量将花和粗茎碾碎，80～90℃烘干，烘干过程中多翻动。

以上研究结果显示，紫锥菊药材地上部分以蒸制后含量最高，因此我们建议加工基地采用新鲜药材提取，或者将鲜品切成5～10cm小段，将水加热后放入药材蒸制5～10min，蒸制后尽量将花和粗茎碾碎，80～90℃烘干，烘干过程中多翻动，烘干后打包贮存即可。

第三节　紫锥菊主要性状、组织特征、理化鉴别研究

一、主要性状

依据收集的样品，取干燥的紫锥菊全草药材以及不同部位，照 2010 年版《中国兽药典》附录 14 "药材检定通则" 所记载的方法，对紫锥菊药材不同部位的形状、大小、色泽、表面、质地、断面、气味等特征，逐一详细观察、描述与整理，在此基础上，制订出紫锥菊药材性状鉴定标准。

（一）1-24 和 1-234 样品

主要为茎、少量叶碎末、少量花序（附图 4-7A，B）。

茎呈圆柱形小段，略弯曲，少分枝，直径 0.2~1cm。表面灰棕色或棕褐色，有多条纵棱，密被白色短倒刺，节部略膨大，有叶柄残基；体轻，质坚硬，不易折断；断面不平坦，皮部淡黄绿色，髓部明显，类白色；花枝上部多中空。气微，味淡。

叶全部破碎成碎末状。上表面棕褐色，下表面灰绿色，两面均被白色硬毛。叶脉于叶背处明显。质脆，易破碎。气微，味淡。

头状花序呈类圆球形或圆锥形，直径 2.2~3cm，褐色或红褐色；总苞盘状，总苞片 4~5 层，棕褐色或棕色，条状披针形、披针形至卵状披针形，近革质，外面被毛，中间数层先端外折。花托凸起呈圆锥形，有托片。舌状花 12~20 朵单层列于外围，暗红褐色或褐色，呈狭长条形，皱缩不直；管状花极多，托片呈龙骨状，长于管状花，先端尖成长刺状。体轻，质韧。气微香，味淡。

未成熟瘦果倒圆锥形，稍压扁，长约 5mm，直径约 2mm。表面灰白色或灰褐色，具四条棱。顶端较宽，钝四棱处呈刺状，刺间各具 3~4 小齿，中央凹陷。体轻，质软，果皮薄，纤维性，内表面灰黑色，易与种子剥离，内有种子 1 粒。气微，破开后具微辛辣香气，味微辛辣。

（二）2 号样品

分不同部位的加工品。包括根、茎、叶、花序（附图 4-7C，D，E，F）。

根呈圆锥形，长 4~10cm，直径 1.5~3cm，有分枝，须根多，集成胡须状。表面红

棕色至灰褐色，具纵皱纹。顶端留有少许残茎，红棕色或灰褐色，断面不整齐。质坚实，不易折断；断面不整齐，皮部淡绿色，木部黄褐色，形成层环纹明显；根茎断面中央有髓。气微，味麻涩。

茎为圆柱形长段，直径 0.5～1.2cm，上部有分枝。表面绿褐色至紫褐色，并有明显的紫褐色纵斑纹，疏生白色倒刺，纵棱明显，可见深紫色叶柄残基。体轻，质坚硬，不易折断。断面较平坦，皮部淡绿色，木部类白色，形成层明显，髓部类白色，偶有空洞。气微，味淡。

叶多破碎或卷缩。完整叶片展平后呈长卵形或宽披针形，长 3.5～18cm，宽 1.8～6cm。上表面绿或褐紫色，下表面灰绿色或带有紫褐色，两面均被白色硬毛，主脉 3～5条，中部 3 条明显，于背面突出。先端长渐尖，边缘略具疏齿，基部楔形；叶柄棕褐色，长 5.5～17cm，近顶端成翼状。叶片质脆，易破碎。气微，味淡。

头状花序呈类圆球形或圆锥形，直径 2.2～3cm，褐色或红褐色；总苞盘状，总苞片 4～5 层，棕褐色或棕色，条状披针形、披针形至卵状披针形，近革质，外面被毛，中间数层先端外折。花托凸起呈圆锥形，有托片。舌状花 12～20 朵单列位于外围，暗红褐色或褐色，呈狭长条形，皱缩不直；管状花极多，托片呈龙骨状，长于管状花，先端尖成长刺状。体轻，质韧。气微香，味淡。

未成熟瘦果倒圆锥形，稍压扁，长 4～6mm，直径 1.5～2mm。表面黄褐色或灰白色，具四条棱。顶端较宽，钝四棱处呈刺状，刺间各具 3～4 小齿，中央凹陷。体轻，质软，果皮薄，纤维性，内表面灰褐色，易与种子剥离，内有种子 1 粒。气微，破开后具微辛辣香气，味微辛辣。

（三）4 号样品

为地上部分，包括茎段、叶碎末、花序或果序（附图 4-7G）。

茎呈圆柱形长段，略弯曲，直径 0.4～0.8cm，上部有分枝。表面黄绿色至灰褐色，疏生白色倒刺，有多数纵棱线，节明显，节间长 3～14cm，节处微膨大，可见叶柄残基。体轻，质坚硬，不易折断；断面不平坦，皮部黄绿色，木部黄白色或白色，髓部类白色。气微，味淡。

叶全部破碎，无完整叶片。上表面棕褐色，下表面灰绿色，两面均被白色硬毛；叶脉于背面突出。质脆，易破碎。气微，味淡。

头状花序呈类圆球形或圆锥形，直径 2.2～3cm，褐色或红褐色；总苞盘状，总苞片 4~5 层，棕褐色或棕色，条状披针形、披针形至卵状披针形，近革质，外面被毛，中间数层先端外折。花托凸起呈圆锥形，有托片。舌状花 12~20 朵单列位于外围，暗红褐色或褐色，呈狭长条形，皱缩不直；管状花极多，托片呈龙骨状，长于管状花，先端尖成长刺状。体轻，质韧。气微香，味淡。

未成熟瘦果呈倒圆锥形，稍压扁，长约 5mm，直径约 2.5mm。表面灰白色或灰黄色，具四条棱。顶端较宽，钝四棱处呈刺状，刺间各具 3~4 小齿，中央凹陷。体轻，质软，果皮薄，纤维性，内表面灰黑色，易与种子剥离，内有种子 1 粒。气微，破开后具微辛辣香气，味微辛辣。

（四）8 号样品

为地上部分，包括茎、叶、花序（附图 4-7H）。

茎呈圆柱形长段，直径 0.3~0.6cm，上部有分枝。表面黄褐色至黑褐色，密生白色倒刺，有多条纵棱及明显的节，节处膨大，有叶柄残基。体轻，质坚硬，不易折断；断面不平坦，皮部淡黄绿色，木部黄白色，髓部类白色。气微，味淡。

叶全部破碎呈碎末状，无完整叶片。上表面棕褐色，下表面褐色，两面被白色硬毛。网状叶脉于下表面明显。质脆，易破碎。气微，味淡。

头状花序呈类圆球形或圆锥形，直径 2.2~3cm，褐色或红褐色；总苞盘状，总苞片 4~5 层，棕褐色或棕色，条状披针形、披针形至卵状披针形，近革质，外面被毛，中间数层先端外折。花托凸起呈圆锥形，有托片。舌状花 12~20 朵单列位于外围，暗红褐色或褐色，呈狭长条形，皱缩不直；管状花极多，托片呈龙骨状，长于管状花，先端尖成长刺状。体轻，质韧。气微香，味淡。

未成熟的瘦果呈倒圆锥形，稍压扁，长约 5mm，直径 1.5~2mm。表面灰白色或灰黄色，具四条棱。顶端较宽，钝四棱处呈刺状，刺间各具 3~4 小齿，中央凹陷。体轻，质软，果皮薄，纤维性，内表面灰褐色，易与种子剥离，内有种子 1 粒。气微，破开后具微辛辣香气，味微辛辣。

（五）9 号样品

分部位加工品，包括茎、叶、花序（附图 4-7 I，J，K）。

茎呈圆柱形长段，略弯曲，直径 0.5~1cm，偶见分枝。表面棕褐色至黄棕色，密生白色倒刺，纵棱与节均明显，节间长 0.6~10cm，节处多膨大，可见叶柄残基。体轻，质坚硬，不易折断，断面不平坦，皮部棕色，木部黄白色，形成层明显，髓部大，类白色，偶见空洞。气微，味淡。有时基部带有圆锥形的根，表面灰褐色，具纵皱纹；质坚实，不易折断，断面不整齐。气微，味麻涩。

叶多卷缩或破碎，多不完整。完整叶片展平后呈长卵形或宽披针形，长 3.5～6.5cm，宽 1.8～4.5cm。上表面暗绿色或褐色，下表面淡灰绿色，两面均被白色硬毛，主脉 3～5 条，于背面明显。先端长渐尖，边缘略具疏齿，基部楔形；叶柄紫色或黄棕色，长 5～17cm，近顶端成翼状。叶片质脆，易破碎。气微，味淡。

头状花序呈类圆球形或圆锥形，直径 2.2～3cm，褐色或红褐色；总苞盘状，总苞片 4～5 层，棕褐色或棕色，条状披针形、披针形至卵状披针形，近革质，外面被毛，中间数层先端外折。花托凸起呈圆锥形，有托片。舌状花 12～20 朵单列位于外围，暗红褐色或褐色，呈狭长条形，皱缩不直；管状花极多，托片呈龙骨状，长于管状花，先端尖成长刺状。体轻，质韧。气微香，味淡。

未成熟的瘦果呈倒圆锥形，稍压扁，长约 5mm，直径 1～2mm。表面灰黄色，具四条棱。顶端较宽，钝四棱处呈刺状，刺间各具 3～4 小齿，中央凹陷。体轻，质软，果皮薄，纤维性，内表面灰黑色，易与种子剥离，内有种子 1 粒。气微，破开后具微辛辣香气，味微辛辣。

（六）11 号样品

灰绿色，为紫锥菊茎、叶、花序的破碎颗粒。放大镜下，可见绿褐色并带有白色髓部的茎碎片、灰绿色的叶碎片、褐紫色的花序碎片（附图 4-7L）。

（七）12 号样品

为完整的地上部分，包括茎、叶、花序（附图 4-7M）。

茎呈长圆柱形，长 80～110cm，直径 0.5～0.9cm，上部有分枝，直径约 0.2cm。表面淡绿色至黄棕色，密生白色倒刺，有多数纵棱及明显的节，节间长 3.5～10cm，可见叶柄残基。体轻，质坚硬，不易折断。断面较平坦，皮部呈淡绿色，木部呈类白色，形成层明显，髓部类白色，偶有空洞。气微，味淡。

叶多卷缩或破碎。完整叶片展平后呈长卵形或宽披针形，长 4～7cm，宽 2.5～4.5cm。上表面灰绿色，下表面黄绿色，两面均被白色硬毛，主脉 3～5 条，于背面明显。先端长渐尖，边缘略具疏齿，基部楔形；叶柄黄棕色，长 5～17cm，近顶端成翼状。叶片质脆，易破碎。气微，味淡。

头状花序呈类圆球形或圆锥形，直径 2.2~3cm，褐色或红褐色；总苞盘状，总苞片 4~5 层，棕褐色或棕色，条状披针形、披针形至卵状披针形，近革质，外面被毛，中间数层先端外折。花托凸起呈圆锥形，有托片。舌状花 12~20 朵单列位于外围，暗红褐色或褐色，呈狭长条形，皱缩不直；管状花极多，托片呈龙骨状，长于管状花，先端尖成长刺状。体轻，质韧。气微香，味淡。

未成熟瘦果呈倒圆锥形，稍压扁，长约 5mm，直径约 2mm。表面灰黄色，具四条棱。顶端较宽，钝四棱处呈刺状，刺间各具 3~4 小齿，中央凹陷。体轻，质软，果皮薄，纤维性，内表面灰褐色，易与种子剥离，内有种子 1 粒。气微，破开后具微辛辣香气，味微辛辣。

(八) 对照药材购自美国 (附图 4-7 N, O, P)

15 号样品灰绿色，为紫锥菊茎、叶、花破碎颗粒。

16 号样品灰白色，为紫锥菊根破碎颗粒。

17 号样品灰绿色，为狭叶紫锥菊根破碎颗粒。

(九) 紫锥菊药材性状鉴别标准

本品为茎叶花序的混合。茎为圆柱形小段，直径 0.5~1.2cm，表面灰绿色至灰褐色，并有紫褐色纵斑纹，疏生白色倒刺；体轻，质坚韧；断面较平坦，皮部呈淡绿色，木部呈类白色，髓部类白色；气微，味淡。叶多破碎；完整者展平后呈长卵形或宽披针形，长 3.5~18cm，宽 1.8~6cm；表面紫绿色，被白色硬毛，主脉 3~5 条，边缘具疏齿；叶柄黄棕色；质脆，易破碎；气微，味淡。头状花序类圆球形或圆锥形，直径 2.2~3cm，褐色或红褐色；总苞盘状，总苞片 4~5 层，棕绿色，披针形至卵状披针形，近革质，外面被毛，中间数层先端外折；花托圆锥形，有托片；舌状花 12~20 朵，暗红褐色或褐色，狭长条形，皱缩；管状花极多，托片龙骨状，长于管状花，先端尖成长刺状；体轻，质韧；气微香，味淡。未成熟瘦果倒圆锥形，表面灰白色，具四棱；顶端四棱处呈刺状，中央凹陷；果皮薄，纤维性，内表面灰褐色，易与种子剥离，内有种子 1 粒；气微，破开后微具辛香气，味微辛辣。

(十) 紫锥菊药材性状质量标准

以干燥、茎嫩、色绿褐，叶多、色紫绿，花序多、色紫褐者为佳。

二、鉴别

（一）显微鉴别

取紫锥菊全草药材，照2010年版《中国兽药典》附录15显微鉴别法，对紫锥菊药材分部位按常规进行石蜡切片、粉末制片、表面制片、解离组织制片、细胞及细胞内含物测量、细胞壁和细胞内含物性质检定等。以相应的显微技术观察、描述、显微照相或绘制墨线图。根据实验结果，并与同属的狭叶紫锥菊和淡紫紫锥菊不同部位的组织进行了比较，制订出紫锥菊的显微鉴定标准。

1. 组织结构

（1）根横切面。

①紫锥菊（附图4-8）：木栓层为多列薄壁细胞，内含黄棕色物质，常脱落而残留1~3列细胞。皮层为10~14列略切向延长的类长圆形或类多角形薄壁细胞，排列较疏松，有裂隙，内皮层细胞呈类方形，沿垂周壁内侧有明显的凯氏带；靠近内皮层处散有小型的裂生性分泌腔，内含黄棕色或红棕色分泌物。无限外韧型维管束。韧皮部较宽广，外侧常形成大型裂隙，韧皮部筛管成群，射线宽广。形成层成环。木质部宽广，导管单个散在，或2~5个成群，径向排列，内侧排列稀疏，外侧中部由薄壁性木纤维和木薄壁细胞包围导管，形成明显的木化环层，其间射线宽1~3列细胞；木质部导管分化到中部，无髓。有的薄壁细胞中含菊糖。

②淡紫紫锥菊（附图4-9）：木栓层5~8列薄壁细胞，内含黄棕色物，有时脱落为2~4列细胞。皮层为5~6列切向延长的类长圆形薄壁细胞，排列较疏松，内皮层细胞排列较整齐，凯氏带呈条纹状木化增厚。无限外韧型维管束。韧皮部宽20列细胞，韧皮部束狭窄，筛管成群；初生射线较宽，径向散有1或2个大小不一的分泌腔，内含黄棕色或红棕色分泌物；有少数厚壁纤维，单个或2~4个成群，稀疏散在于韧皮部外侧约1/3范围内或木质部内侧，壁木化增厚，胞腔点状，层纹明显，胞间隙中有少数植物黑色素包绕。形成层成环。木质部宽广，导管单个或2~3个相连，径向稀疏排列；导管间少见薄壁木纤维；射线较宽，9~25列细胞，中央部位有少数分泌腔散在。有的薄壁细胞中含菊糖。

③狭叶紫锥菊（附图4-10）：木栓层为多列细胞，内含黄棕色物质，常脱落而残留2~3列细胞。皮层为8~20列类圆形薄壁细胞，排列较疏松，内皮层细胞凯氏带明显。

无限外韧型维管束。韧皮部筛管群细胞小而密集；射线宽，散有离生性分泌腔，内含黄棕色分泌物。形成层成环。木质部宽广，导管径向稀疏排列，射线宽 10~25 列细胞，内侧有少数分泌腔。厚壁纤维较多，单个或 2~3 个成群散在于韧皮部和木质部中，胞腔点状，层纹明显，胞间隙中充塞有植物黑色素，周围细胞间隙中也有少量植物黑色素。有的薄壁细胞中含菊糖。

④三种紫锥菊根组织构造检索表：

1. 分泌腔散在于内皮层外方，木质部中部的外侧由薄壁性木纤维与木薄壁细胞包围导管，形成明显的木化细胞环层 ············ 紫锥菊 *Echinacea purpurea*（L.）Moench.

1. 分泌腔散在于射线中；厚壁纤维稀疏分布于韧皮部和木质部，胞间隙充塞有植物黑色素

　　2. 厚壁纤维较少，稀疏散落于韧皮部外侧约 1/3 范围内以及木质部的内侧

·························· 淡紫紫锥菊 *Echinacea pallida*（Nutt.）Nutt.

　　2. 厚壁纤维较多，单个或 2~4 个成群，散在于韧皮部和木质部中 ··············

································ 狭叶紫锥菊 *Echinacea angustifolia* DC.

（2）茎横切面。

①紫锥菊（附图 4-11）：表皮细胞一列，类方形，外被角质层，角质层外缘呈细齿状；表面稀疏分布有两种多细胞非腺毛，一种长圆锥形，先端锐尖，长 446~1 040μm；一种棒状，长 134~180μm；厚角组织细胞 2~3 列，于角隅处增厚。皮层较狭，薄壁细胞呈类圆形或椭圆形，排列疏松。无限外韧型维管束，断续环列，常大小相间；维管束外侧散有多数小型的裂生性分泌腔，内含黄棕色或红棕色分泌物。韧皮部狭窄，细胞排列紧密，外方有盔帽状排列的初生韧皮纤维束；束中形成层明显；木质部导管单个径向排列。髓部极发达，细胞类圆形或圆多角形，具单纹孔；髓缘或靠近维管束内侧散有多数小型分泌腔。有的薄壁细胞中含有菊糖。

②淡紫紫锥菊（附图 4-12）：表皮细胞一列，类方形，外被角质层，被多细胞非腺毛。皮层宽 10 余列类圆形细胞。无限外韧型维管束，断续环列，常大小不等；维管束外侧有盔帽状的韧皮纤维束，宽 3~10 列细胞，纤维壁略厚；韧皮部成狭带状，细胞排列紧密；束中形成层明显；木质部导管单个径向排列，木纤维发达，木质部内方木纤维也较发达，内方有时可见 1 个分泌腔。髓部极发达，细胞类圆形或圆多角形。

③狭叶紫锥菊（附图 4-13）：表皮细胞一列，类方形，外被角质层，角质层外缘呈细齿状；表面稀疏分布有多细胞非腺毛；厚角组织细胞数个成群，角隅处增厚。皮层宽

7~10 列细胞，薄壁细胞类圆形，有的细胞皱缩。无限型维管束，断续环列，大小极为悬殊，大型维管束之间常夹有 1 个极小的双韧型维管束；维管束外方为盔帽状排列的韧皮纤维束，纤维细胞 9~16 列，壁薄；韧皮部成狭条状，细胞排列紧密，束中形成层不明显；木质部导管单个径向排列；内方为木纤维束，壁薄；在木纤维束的内缘，常有 3~5 个韧皮部束，细胞多角形或三角形，形成双韧型维管束，有的韧皮部束外方有 1 至数个导管。髓部极发达，细胞类圆形或圆多角形，具单纹孔。

④三种紫锥菊茎组织构造检索表：

1. 无限型维管束，大小极为悬殊，两大型维管束间常夹有 1 个极小的双韧型维管束，木质部内方常有 3~5 个韧皮部束，形成双韧型维管束 ……………………………………………………………………………………… 狭叶紫锥菊 *Echinacea angustifolia* DC.

1. 无限外韧型维管束，大小相间，断续环列

    2. 维管束内、外侧均散有多数小型的裂生性分泌腔，内含黄棕色或红棕色分泌物 ……………………………… 紫锥菊 *Echinacea purpurea*（L.）Moench.

    2. 维管束内方有时可见 1 个分泌腔 ………………………………………………………………………………… 淡紫紫锥菊 *Echinacea pallida*（Nutt.）Nutt.

（3）叶横切面。

①紫锥菊（附图 4-14）：典型的两面叶。上、下表皮各一列类长方形细胞，外被角质层，疏被多细胞非腺毛状；主侧脉维管束 1 个；小侧脉维管束纵横分布于叶肉组织中，外被一列薄壁细胞组成的鞘。

②淡紫紫锥菊（附图 4-15）：典型的等面叶。表皮细胞一列，外被角质层和多细胞非腺毛，非腺毛长约 1 160μm，气孔分布于上下表皮。叶肉组织排列较密集，上、下栅栏组织为 2（3）列柱状细胞，海绵组织 2~3 列类圆形细胞。主脉部位向下表面极度突出，上表面呈半圆形突起；表皮细胞内方为 1~2 列厚角组织细胞；主脉维管束无限外韧型，上方有时可见 1 个分泌腔；木质部位于上方，导管单个径向排列成行，形成层明显，韧皮部位于下方；主侧脉维管束 1 个；小侧脉维管束纵横分布于叶肉组织中，外被一列薄壁细胞鞘。

③狭叶紫锥菊（附图 4-16）：典型的等面叶。上、下表皮各 1 列类长方形细胞，外被角质层，被多细胞非腺毛，非腺毛长约 1 100μm，上、下表皮均有气孔分布。叶肉组织细胞排列紧密，上、下表皮内方均有栅栏组织，栅栏组织由 2~3 列柱形栅状细胞组成，不通过中脉；海绵组织 1~2 列细胞或不明显。主侧脉部位上方呈半圆形突起，下方突出明显；表皮细胞内方为多层厚角组织，厚角组织中散有少量纤维，单个或二三成

群；主脉维管束无限外韧型，1 个，木质部位于上方，导管单个径向排列，形成层明显，韧皮部位于下方成半包围状，维管束上下方均有帽状排列的厚壁纤维束；有时木质部外方可见少数分泌腔；主侧脉维管束与主脉维管束相似，但厚角组织中未见纤维；小侧脉维管束周围有薄壁性维管束鞘。

④三种紫锥菊叶组织构造检索表：

1. 典型的两面叶，下表皮内方为海绵组织，非腺毛较短，长约 560μm …………
………………………………………… 紫锥菊 Echinacea purpurea（L.）Moench.

1. 典型的等面叶，上下表皮内方均为栅栏组织，非腺毛较短，长约 1 000μm
　　2. 主脉维管束上下方均有厚壁纤维束，表皮内方厚角组织发达，并散有少量纤维 ………………………………… 狭叶紫锥菊 Echinacea angustifolia DC.
　　2. 主脉维管束上下方无厚壁纤维束，表皮内方厚角组织不发达 ……………
………………………………… 淡紫紫锥菊 Echinacea pallida（Nutt.）Nutt.

⑤叶表面制片：紫锥菊上表皮细胞呈不规则多角形，长 56~112μm，宽 25~67μm，排列紧密，垂周壁呈微波状弯曲，偶见不定式气孔。下表皮细胞呈不规则形，长 34~90μm，宽 22~45μm，垂周壁呈深波状弯曲，气孔不定式，周围副卫细胞 4~5 个。非腺毛较密集，一种为长圆锥形非腺毛，长 490~560μm，3~6 个细胞，先端锐尖，壁较厚，具多数疣刺状突起，主要分布于叶脉处；一种为棒状毛，长 110~180μm，3~5 个细胞组成，壁薄，先端略钝圆，较少，分布于表皮细胞上。

⑥紫锥菊叶柄横切面：切面呈新月形，两侧边缘形成翼状。表皮细胞 1 列，近长方形，外被角质层，内侧有 1~3 列厚角组织细胞，在角隅处加厚。薄壁细胞近圆形，细胞间隙较大。无限外韧型维管束 12~14 个，大小不一，排成圆弧形，大型维管束的外侧有新月形的初生韧皮纤维束；形成层明显，木部导管呈径向排列。

2. 紫锥菊粉末特征

（1）根粉末特征。黄棕色。石细胞无色或淡黄色，呈条形、类方形或不规则形，长 56~130μm，直径 28~34μm；壁较厚，孔沟细密，胞腔较大，有的内含棕黄色或棕红色物质。导管多为网纹或梯状网纹导管和具缘孔纹导管，少见螺纹导管，直径 22~56μm。纤维较少，细长梭形，多碎断，直径 13~22μm，壁微木化。木栓细胞棕黄色，呈类方形，长 45~78μm，宽 22~47μm，排列较整齐，有的中间具分隔，细胞壁多呈连珠状增厚，胞腔内含棕黄色物质。菊糖含于薄壁细胞中或散在。淀粉粒少见，类圆形或长圆形，直径约 3.4μm（图 4-4）。

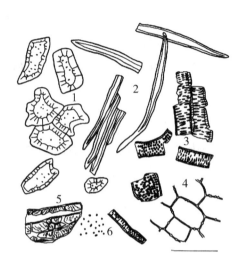

图 4-4　紫锥菊根粉末

1. 石细胞；2. 纤维；3. 导管；4. 木栓细胞；5. 菊糖；6. 淀粉粒

（2）茎粉末特征。黄白色。表皮碎片多见，细胞呈径向长方形、梭形或多角形，长 40~170μm，直径 19~43μm；垂周壁多平直，外平周壁具纵向平行的线形角质纹理；偶见不定式气孔。纤维众多，狭长条形，多碎断，直径 8~16μm，壁稍厚，胞腔狭细。髓薄壁细胞成群或散在，无色或淡黄色，长方形，长 78~171μm，宽 34~75μm，纹孔密集。导管成束或散在，主为螺纹导管，少见网纹、具缘孔纹导管，直径 11~45μm。非腺毛偶见，多细胞，大多断裂，长圆锥形，长 213~500μm，先端锐尖，细胞壁表面疣状突起多而明显。菊糖充塞于薄壁细胞中或散在。淀粉粒少见，类圆形或长圆形，直径 1~4.5μm（图 4-5）。

（3）叶粉末特征。暗绿色。叶肉组织碎片多见，上下表皮各 1 列，栅栏组织细胞长柱形，1~2 列；海绵组织细胞呈不规则形，细胞间隙大。上表皮细胞表面观呈不规则多角形，长 56~112μm，宽 25~67μm，垂周壁微波状弯曲，偶见不定式气孔；下表皮细胞表面观呈不规则形，长 34~90μm，宽 22~45μm，垂周壁深波状弯曲，不定式气孔众多，副卫细胞 4~5 个。非腺毛有两种：一种为长圆锥形毛，由 2~5 个细胞组成，长 280~347μm，基部细胞宽阔，直径 22~34μm，顶端细胞长渐尖，先端锐尖，壁较厚，壁上具多数明显的疣状突起；另一种为短棒状毛，由 4~6 个细胞组成，壁较薄，长 60~140μm，直径 15~24μm，细胞呈类方形，顶端细胞圆钝。导管多数，主为螺纹和梯纹导管，少见网纹导管，直径 12~36μm（图 4-6）。

（4）花序粉末特征。黄褐色。花粉粒众多，无色或淡黄色，球形，直径 24~

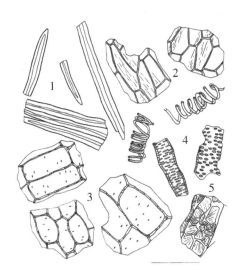

图 4-5　紫锥菊茎粉末

1. 纤维；2. 茎表皮细胞；3. 髓部薄壁细胞；4. 导管；5. 菊糖

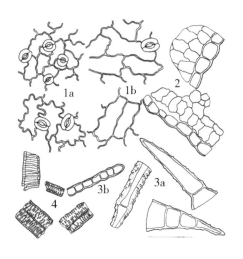

图 4-6　紫锥菊叶粉末

1. 表皮细胞（a. 下表皮；b. 上表皮）；2. 叶肉组织碎片；

3. 非腺毛（a. 圆锥形毛；b. 棒状毛）；4. 导管

37μm，外壁具刺状突起及细颗粒状雕纹，萌发孔 3 个，两萌发孔间有 4~6 个刺状突起，刺长 4.5~5.6μm。石细胞成群或单个，无色，类方形、长条形或不规则形，长 16~74μm，宽 12~22μm，周围有黑色素包绕，壁较厚，孔沟细密，胞腔小，内含棕红色物。总苞上表皮细胞类长方形或长多角形，垂周壁多平直。下表皮细胞长多角形或多角形，垂周壁略弯曲，平周壁具细密纵向角质层纹理，气孔处角质层纹理呈放射状；不定式气孔密集，副卫细胞 3~5 个。中果皮碎片多见，细胞长方形或长多角形，壁略增厚，具极密集的细小纹孔。舌状花碎片棕色或黄棕色，表皮细胞向外呈圆钝毛状或乳头状突起，有的毛状突起脱落而散在。花粉囊内壁细胞呈长多角形，直径 13~25μm，外平周壁和垂周壁增厚，表面观增厚部位呈纺锤形或椭圆形，两端增厚部位呈点状。非腺毛两种：一种为长圆锥形毛，由 2~5 个细胞组成，基部细胞较宽阔，先端细胞长渐尖；另一种呈短棒状，由 4~6 个细胞组成，顶端细胞圆钝。内果皮厚壁纤维常见，直径 10~16μm，表面被有棕红色色素物质，未覆盖部分可见 1 至数个单斜纹孔。柱头表皮细胞突起呈单细胞棒状毛，或呈囊状、乳头状突起，顶端稍尖或钝圆（图 4-7）。

图 4-7　紫锥菊花序粉末

1. 花粉粒；2. 舌状花表皮突起；3. 非腺毛（a. 圆锥形毛；
b. 棒状毛）；4. 石细胞；5. 花粉囊内壁细胞；6. 总苞苞片下表皮
碎片；7. 内果皮碎片；8. 中果皮碎片；9. 柱头碎片

（5）紫锥菊药材地上部分粉末特征。灰绿色。纤维众多，细长，常碎断，直径 13~16μm，成束或散在，壁厚，胞腔狭窄。叶肉组织碎片常见，表皮细胞 1 列，栅栏细胞长柱形，1~2 列；海绵组织细胞不规则形，细胞间隙大。茎髓薄壁细胞成群，无色，长方形或长多角形，长 72~168μm，直径 22~48μm，纹孔多。舌状花碎片棕色或黄棕色，表皮细胞向外呈圆钝毛状或乳头状突起，有的毛状突起脱落而散在。花粉粒无色或淡黄色，球形，直径 24~37μm，外壁具刺状突起及细颗粒状雕纹，萌发孔 3 个，两萌发孔间有 4~6 个刺状突起，刺长 4.5~5.6μm。叶上表皮细胞呈不规则多角形，垂周壁微波状弯曲；下表皮细胞不规则形，垂周壁深波状弯曲，气孔不定式，副卫细胞 4~5 个。多细胞非腺毛常断裂，完整者长圆锥形，3~6 个细胞，先端长渐尖，表面具明显的疣状突起。偶见棒状非腺毛，3~5 个细胞组成，壁薄，先端略钝圆。茎表皮细胞长方形、梭形或多角形，垂周壁多平直，长 40~170μm，直径 19~43μm；平周壁具平行角质线纹；偶见不定式气孔。导管成束或散在，多为网纹（部分导管纹孔整齐排列成梯形）、孔纹，直径 10~22μm。内果皮厚壁纤维成片，表面被棕红色或暗棕色色素物质，未覆盖部分可见细胞壁或 1 至数个单斜纹孔。石细胞少数，成群或散在，无色，类方形、长条形或不规则形，长 16~74μm，直径 12~22μm，壁较厚，孔沟细密，胞腔小，内含棕红色物，周围有黑色色素物质包绕。中果皮碎片，细胞长方形或长多角形，细胞壁略增厚，细小纹孔极密集。此外还有花粉囊内壁细胞、苞片表皮细胞、菊糖、分泌腔碎片等（图 4-8）。

图 4-8 紫锥菊（地上部分）粉末

1. 纤维；2. 非腺毛（a. 圆锥形毛；b. 棒状毛）；3. 叶肉组织碎片；4. 茎表皮；5. 花粉粒；6. 舌状花表皮突起；7. 叶下表皮；8. 导管；9. 石细胞；10. 髓部薄壁细胞；11. 内果皮碎片；12. 中果皮碎片

（6）1 号样品粉末特征。粉末黄褐色至黄绿色。纤维极多，细长，大多碎断，直径 13~18μm，成束或散在，壁厚，胞腔狭窄。茎髓薄壁细胞成群，无色，类方形或多角形，纹孔多，长 72~168μm，宽 22~48μm。茎表皮细胞长方形、梭形或多角形，垂周壁多平直，长 40～170μm，直径 19～43μm；平周壁具平行角质线纹；偶见不定式气孔。内果皮厚壁纤维碎片，表面被有棕红色或暗棕色色素物质，未覆盖部分可见细胞壁或 1 至数个单斜纹孔。石细胞少数，成群或散在，无色，类方形、长条形或不规则形，长 16～74μm，直径 12～22μm，壁较厚，孔沟细密，胞腔小，内含棕红色物，周围有黑色色素物质包绕。中果皮碎片可见，细胞长方形或长多角形，细胞壁略增厚，细小纹孔极密集。花粉粒较少，无色或淡黄色，球形，直径 24～37μm，外壁具刺状突起及细颗粒状雕纹，萌发孔 3 个，两萌发孔间有 4～6 个刺状突起，刺长 4.5～5.6μm。导管成束或散在，主为螺纹导管，少见网纹、具缘孔纹导管，直径 11～45μm。叶肉组织碎片较少，上下表皮各 1 列细胞，栅栏组织细胞长柱形，1～2 列；海绵组织细胞不规则形，细胞间隙大。舌状花碎片棕色或黄棕色，表皮细胞向外呈圆钝毛状或乳头状突起，有的毛状突起脱落而散在。多细胞非腺毛偶见，常断裂，完整者长圆锥形，先端长渐尖，表面具明显的疣状突起。此外尚可见花粉囊内壁细胞、叶或苞片表皮及不定式气孔、菊糖、分泌腔碎片等（图 4-9）。

图 4-9　1 号紫锥菊样品粉末

1. 纤维；2. 茎表皮；3. 非腺毛；4. 导管；5. 花粉粒；6. 髓部薄壁细胞；7. 叶下表皮；8. 舌状花表皮突起；9. 叶肉组织碎片；10. 石细胞；11. 中果皮碎片；12. 内果皮碎片

（7）紫锥菊对照品粉末特征（产自美国）。

15 号为茎、叶粉末，灰绿色

叶肉组织碎片多见，上下表皮各一列，栅栏细胞长柱形，1～2 列；海绵组织细胞不规则形，细胞间隙大。上表皮细胞垂周壁大多平直，长 56~95μm，宽 22~68μm，偶见不定式气孔；下表皮细胞垂周壁深波状弯曲，长 32~85μm，宽 25~50μm，不定式气孔众多，副卫细胞 4~5 个。茎髓薄壁细胞多见，长方形，成群或散在，无色或淡黄色，纹孔众多，长 87~162μm，宽 28~70μm。茎表皮细胞较多，长方形、梭形或多角形，垂周壁多平直，长 50~140μm，直径 24~40μm；平周壁具线形角质层纹理，与细胞长轴呈纵向平行排列。导管多为具缘纹孔、网纹、螺纹，直径 11~37μm。纤维较少，大多碎断，成束或散在，细长梭形，壁较厚，胞腔狭窄，直径 6~17μm。多细胞非腺毛较少，多碎断，长圆锥形，多数先端锐尖，表面具明显的疣状突起。基部直径 24~39μm。此外尚可见菊糖及淀粉粒。

16 号根粉末，灰白色

石细胞多见，为条形、类方形或不规则形，无色或淡黄色，长 57~140μm，直径 21~44μm，壁较厚，孔沟细密，胞腔较大，纹孔多，有的内含棕黄或棕红色物。导管成束或散在，多见网纹（有的纹孔排列整齐成梯状），具缘纹孔导管。直径 17~57μm。菊糖较多，充塞于薄壁细胞中，可见放射状纹理。木栓细胞可见，为类方形，棕黄色，排列较整齐，有的中间有分隔，细胞壁多呈连珠状增厚，长 43~81μm，宽 20~50μm，胞腔内可见多数棕黄色内含物。纤维较少，细长梭形，成束或散在，多碎断，壁微木化，直径 12~23μm。淀粉粒少数，类圆形或长圆形，直径约为 4μm，不明显。

3. 紫锥菊显微鉴别标准

（1）茎横切面表皮细胞一列，类方形，疏被非腺毛；厚角组织细胞 2~3 列。皮层较狭。无限外韧型维管束断续环列，大小相间；维管束外方有盔帽状韧皮纤维束，并散有多数小型的裂生性分泌腔，内含黄棕色或红棕色分泌物；韧皮部狭窄，木质部导管单个径向排列。髓部极发达，细胞类圆形，具单纹孔；髓缘或靠近维管束内侧散有多数小型分泌腔。薄壁细胞中含菊糖。

（2）叶中脉部位横切面上下表皮各 1 列细胞，疏被多细胞非腺毛，气孔分布于下表皮。栅栏组织细胞 2 列，外层细胞长 50~75μm，垂周壁平直排列紧密，内层细胞长 22~58μm，排列较疏松；海绵组织厚 78~112μm，具有大型细胞间隙。主脉和主侧脉部位均向下表面极度突出；主脉维管束无限外韧型，2~3 个排成弧形，大小不一；主侧脉维管束 1 个。

（3）药材粉末灰绿色。纤维较多，常碎断，直径 13~16μm，壁厚。叶肉组织碎片常见，表皮细胞 1 列，栅栏细胞长柱形，1~2 列。茎髓薄壁细胞无色，类长方形，长

72~168μm，直径22~48μm，纹孔类圆形。舌状花碎片棕色或黄棕色，表皮细胞呈圆钝毛状或乳头状突起，有的突起脱落散在。花粉粒淡黄色，球形，直径24~37μm，外壁具刺状突起及细颗粒状雕纹，萌发孔3个。叶下表皮细胞垂周壁深波状弯曲，气孔不定式，副卫细胞4~5个。非腺毛长圆锥形，3~6个细胞，先端长渐尖，表面具疣状突起。茎表皮细胞长多角形，垂周壁平直，长40~170μm，直径19~43μm，平周壁具平行角质线纹。内果皮厚壁纤维表面被暗棕色色素，未覆盖部位可见细胞壁或1至数个单斜纹孔。石细胞类方形或长条形，长16~74μm，直径12~22μm，壁较厚，内含棕红色物，常见黑色色素围绕。中果皮细胞长方形，壁略增厚，具极密集的细小纹孔。此外还可见花粉囊内壁细胞、苞片表皮细胞、菊糖、分泌腔碎片、导管等。

将国外对照药材15号、16号样品的显微特征与国内栽培品的相同部位进行比较，未见显著差异。

（二）理化鉴别

参照紫锥菊药材已有的化学和生物学研究情况，理化鉴别试验主要针对紫锥菊药材中的免疫活性成分的检出而设计。目前紫锥菊的免疫活性有效成分公认为多糖、咖啡酸衍生物和烷基酰胺类三类成分，考虑到烷基酰胺类含量极低（小于0.003%），且一般分布在根部，因此研究工作以多糖和咖啡酸衍生物作为定性鉴别的研究对象，以菊苣酸作为含量测定的指标成分。

1. 多糖鉴别

（1）供试品溶液制备 称取粉碎过40目筛的本品5.0g，加95%乙醇25mL，回流提取3次，每次30min。过滤，滤渣挥干乙醇后，加水25mL回流提取3次，每次30min，合并滤液，浓缩成流浸膏。浸膏加无水乙醇，静置过夜，依次用95%乙醇、丙酮、乙醚洗涤，得粗多糖。粗多糖用50mL水复溶，作为供试品溶液。

（2）阳性对照溶液制备 称取0.01g的可溶性淀粉（葡聚糖），加水20mL加热溶解，制成0.5mg/mL的淀粉阳性对照品溶液。

（3）阴性对照溶液制备 以纯水作为阴性对照溶液。

（4）试剂 6%苯酚溶液。称取苯酚0.3g，加水50mL溶解即得；2g/L硫酸-蒽酮溶液：称取蒽酮0.1g，用硫酸50mL溶解即得；5%的α-萘酚乙醇溶液：称取α-萘酚1.0g，加无水乙醇20mL溶解即得。

（5）鉴别反应试验 分别考察了多糖检出常用的硫酸-苯酚法、α-萘酚法和硫酸-蒽酮显色反应，结果见附图 4-17 所示。

①硫酸-苯酚法：分别取葡聚糖阳性对照溶液、阴性对照溶液 2mL、7 批供试品溶液制备各 2mL，依次加入试管中，各加入 H₂SO₄ 1mL，再加入 6%的苯酚试剂 2mL，结果显示，阳性对照与供试品溶液显橘黄色，阴性对照无色，显色反应颜色变化不显著。

②硫酸-蒽酮法：分别取葡聚糖阳性对照溶液、阴性对照溶液和 7 批供试品溶液各 2mL，依次加入试管中，再加入 2g/L 蒽酮试剂 2mL，结果显示，阳性对照与供试品溶液显黄绿色，阴性对照显黄色，阴性对照有干扰。

③α-萘酚法：分别取淀粉阳性对照溶液、阴性对照溶液和 7 批供试品溶液各 1mL，依次加入试管中，加水稀释至 5mL，加 5%α-萘酚 3~5 滴，摇匀。倾斜沿试管壁缓慢加入 2mL H₂SO₄，竖直试管，静置 2min，结果显示，在两层溶液界面处，阳性对照溶液和供试品溶液出现紫色圆环，阴性对照溶液不出现紫色圆环。反应灵敏，操作简单，显色特征（紫色圆环）明显，阴性对照溶液（空白）无干扰。

（6）结论。在多糖的检出反应中，硫酸-苯酚法，阳性对照与供试品溶液显橘黄色，虽然阴性对照无干扰，但显色反应颜色变化不显著；硫酸-蒽酮法，阳性对照与供试品溶液显黄绿色，阴性对照显黄色，阴性对照有干扰；α-萘酚法，阳性对照与供试品溶液均呈现紫环反应，阴性对照溶液（缺失紫锥菊药材）无干扰，反应快速，易于操作，现象明显，但因此鉴别反应无专属性，所以本反应不列入质量标准草案。

2. 咖啡酸衍生物鉴别

（1）供试品溶液制备。参照含量测定供试品溶液制备方法，称取粉碎过 40 目筛的本品 1.0g，加 70%甲醇溶液 100mL 回流提取 30min，过滤，滤液真空蒸干。浸膏用适量水溶解，配制成每毫升含提取物 0.01g 的溶液，作为供试品溶液。

（2）菊苣酸阳性对照溶液制备。称取菊苣酸对照品 3mg，加入 70%甲醇溶液 25mL 溶解，即得。

（3）阴性对照溶液制备。以纯水作为阴性对照溶液。

（4）试剂。5%的 FeCl₃ 溶液：称取 FeCl₃ 2.5g，加水 50mL 溶解即得；0.035g/mL 的溴水溶液：移取液溴 0.225mL，加水 20mL 溶解即得。

（5）鉴别反应。试验分别考察了多酚类成分检出常用的鉴别反应三氯化铁（FeCl₃）法和溴水（Br₂）法，见附图 4-18 所示。

①三氯化铁（FeCl₃）法：分别取菊苣酸阳性对照溶液、阴性对照溶液和供试品溶

液各 2mL，依次加入试管中，各加水 2mL，再加入 5% $FeCl_3$ 溶液 2~3 滴，结果显示，阳性对照溶液和供试品溶液呈深绿色，阴性对照溶液显淡黄色。反应灵敏快速，易于操作，现象明显，阴性对照溶液无干扰。

②溴水（Br_2）法：分别取菊苣酸阳性对照溶液、阴性对照溶液和供试品溶液各 2mL，依次加入试管中，各加水 2mL，再加入 35mg/mL 溴水（Br_2）溶液 2~3 滴，结果显示，供试品溶液、菊苣酸阳性对照溶液（菊苣酸）与阴性对照溶液（缺失紫锥菊药材）均显黄绿色，显色差异不明显，未见溴水黄色退去。

（6）结论。对多酚类成分的检出反应，溴水（Br_2）法试验中，菊苣酸阳性对照溶液（菊苣酸）与阴性对照溶液（缺失紫锥菊药材）均显黄绿色，显色差异不明显；三氯化铁（$FeCl_3$）法试验中，阳性对照溶液和供试品溶液呈深绿色，阴性对照溶液显淡黄色。反应灵敏快速，易于操作，现象明显，阴性对照溶液无干扰，可作为草案的咖啡酸衍生物检出反应。

3. 菊苣酸专属鉴别

（1）供试品溶液制备。参照含量测定供试品溶液制备方法，称取粉碎过 40 目筛的本品 1.0g，加 100mL 甲醇–水（7：3，v/v）回流提取 30min，过滤，滤液真空蒸干。浸膏用适量甲醇溶解，配制成每毫升含提取物 0.1g 的甲醇溶液，作为供试品溶液。

（2）菊苣酸阳性对照溶液制备。称取菊苣酸对照品 1mg，加入甲醇 1mL 溶解，即得。

（3）阴性对照溶液制备。以甲醇作为阴性对照溶液。

（4）展开剂与薄层板。展开剂：乙酸乙酯：甲酸：水 = 6：0.5：0.5；薄层板：硅胶 GF_{254} 板，青岛海洋化工厂。

（5）薄层鉴别。参照文献，试验主要考察了不同展开体系、展开剂不同的预饱和时间和点样量对色谱分离的影响，确定薄层鉴别的条件为：乙酸乙酯：甲酸：水 = 6：0.5：0.5，预饱和时间为 0min，点样量为 3~5μL。

照薄层色谱法试验，吸取口服液和菊苣酸对照品溶液各 5μL，分别点于以羧甲基纤维素钠为黏合剂的硅胶 GF_{254} 薄层板上，以乙酸乙酯：甲酸：水（6：0.5：0.5）为展开剂，展开，取出，晾干，置紫外灯（365nm）下检视，供试品色谱中，在与对照品色谱相应的位置上，显相同颜色（亮蓝色）的荧光斑点（附图 4-19）。

4. 指纹图谱鉴别

数批紫锥菊药材与对照药材的指纹图谱相似度均超过 0.9，由此可见，所取国内药材与国外对照药材同属一个种，为紫锥菊。

（1）供试品溶液制备。准确称取粉碎过 40 目筛的紫锥菊药材 0.100g，70%甲醇溶液 10mL 回流（85℃）提取 30min，冷却后以提取溶剂补足减失重量。过滤，取续滤液作为供试品溶液。

（2）色谱条件的优化。根据中药化学指纹图谱研究的技术与方法，参照文献，试验主要优化了流动相即梯度洗脱条件。主要目的是通过优化，使获得的色谱图尽可能完整展现研究对象中的化学信息。表现在色谱图中，在优化的色谱条件下，色谱图应体现尽可能多的色谱峰个数和实现个峰尽可能好的分离度。建立的优化的色谱条件为：Agilent Eclipse XDB-C$_{18}$色谱柱（4.6mm×250mm，5μm）；Agilent 保护柱（XDB-C$_{18}$柱芯）；柱温 30℃；流速 1.0mL/min；进样量 10μm；检测波长：330nm，254nm。流动相为乙腈（B）-0.1%甲酸溶液（A）梯度洗脱，梯度程序：1~10min，8~18.5 B；10~11.5min，12.5~25 B；11.5~16.5min，20~30 B；16.5~21.5min，30~31.5 B；21.5~23.5min，31.5~50 B，23.5~39.5min，50 B；39.5~60min，50~80 B。

（3）指纹图谱比较。利用相似度分析软件对比分析了 5 批国内主产地药材和进口药材。在 330nm 波长和 254nm 波长下，5 批引种药材和进口药材无显著差异，与共有模式建立的对照指纹图谱相比较，相似度均大于 0.9，可以初步得出结论，国内紫锥菊的 5 个主产地药材化学成分与进口药材基本一致（表 4-10、表 4-11）。

表 4-10　330nm 检测波长下 5 批引种药材和进口药材指纹图谱相似度比较

	2-234	4-234	8-234	9-234	12-234	进口药材	对照指纹图谱
2-234	1.000	0.968	0.903	0.996	0.985	0.989	0.983
4-234	0.968	1.000	0.943	0.967	0.968	0.963	0.985
8-234	0.903	0.943	1.000	0.910	0.955	0.915	0.961
9-234	0.996	0.967	0.910	1.000	0.989	0.991	0.986
12-234	0.985	0.968	0.955	0.989	1.000	0.986	0.995
进口药材	0.989	0.963	0.915	0.991	0.986	1.000	0.984
对照指纹图谱	0.983	0.985	0.961	0.986	0.995	0.984	1.000

表 4-11　254nm 检测波长下 5 批引种药材和进口药材指纹图谱相似度比较

	2-234	4-234	8-234	9-234	12-234	进口药材	对照指纹图谱
2-234	1.000	0.885	0.908	0.668	0.826	0.830	0.902

（续表）

	2-234	4-234	8-234	9-234	12-234	进口药材	对照指纹图谱
4-234	0.885	1.000	0.952	0.703	0.894	0.939	0.947
8-234	0.908	0.952	1.000	0.747	0.892	0.932	0.963
9-234	0.668	0.703	0.747	1.000	0.851	0.680	0.863
12-234	0.826	0.894	0.892	0.851	1.000	0.871	0.958
进口药材	0.830	0.939	0.932	0.680	0.871	1.000	0.936
对照指纹图谱	0.902	0.947	0.963	0.863	0.958	0.936	1.000

5. 紫外光谱鉴别

照《中国兽药典》2010 年版二部附录 26 "紫外-可见分光光度法" 所记载的方法进行。

取药材粗粉 0.5g，置锥形瓶中，加甲醇 25mL，密封，超声处理 30min，过滤。取滤液 1mL，置 25mL 容量瓶中，加甲醇稀释至刻度。采用 UV-2800 紫外分光光度计测定（扫描波长 200~400nm，slit：1.5nm）。

紫锥菊不同部位的样品具有不同的最大吸收峰，根：208nm；茎：208nm；叶：220~223nm；花：209nm。

紫锥菊药材地上部分最大吸收峰位置在：（221±2）nm，与叶的最大吸收相符。

结论：紫锥菊药材地上部分应在（221±2）nm 处具有最大吸收（图 4-10、表 4-12）。

表 4-12　不同紫锥菊药材样品的紫外吸收光谱

编号	吸收波长（nm）	吸光度
2-1	208.00	0.528
2-2	208.00	0.465
2-3	398.00	0.161
	326.00	0.300
	223.00	0.668
2-4	321.00	0.357
	209.00	0.832

（续表）

编号	吸收波长（nm）	吸光度
2-234	322.00	0.325
	220.00	0.653
8-234	398.00	0.081
	323.00	0.299
	280.00	0.317
	223.00	0.744
11	398.00	0.151
	324.00	0.971
	296.00	0.866
	223.00	1.134
13	398.00	0.079
	278.00	0.244
	223.00	0.699
1-24	398.00	0.065
	223.00	0.567

1

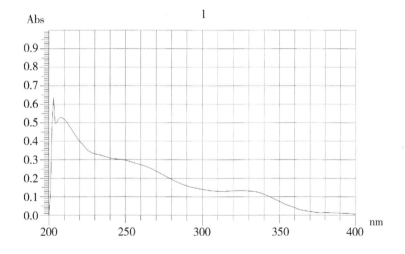

2-1

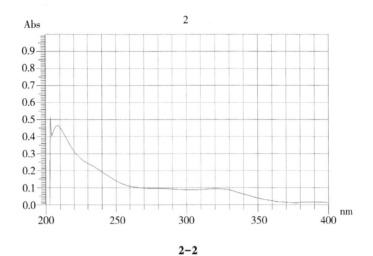

2-2

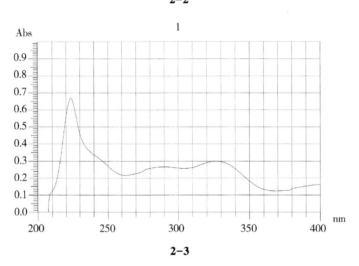

2-3

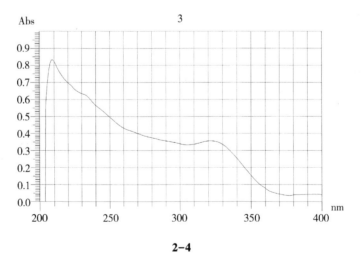

2-4

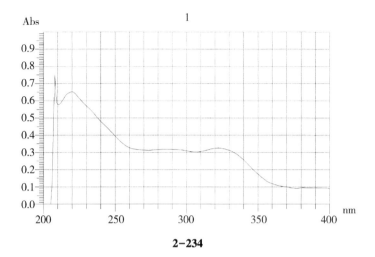

2－234

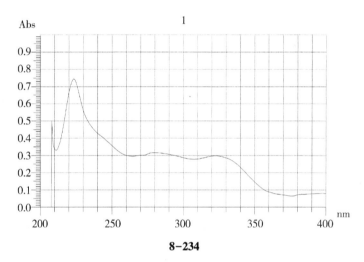

8－234

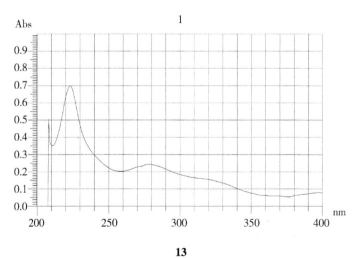

13

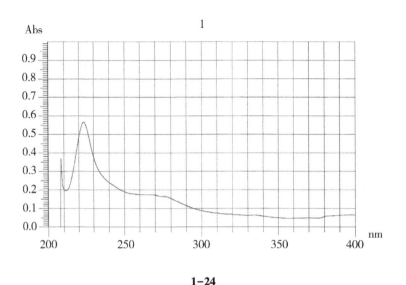

1-24

图 4-10　紫锥菊药材及不同部位紫外吸收光谱

三、结论

（一）药材性状特征

经对 15 份药材样品的性状观察、描述综合。紫锥菊药材为茎、叶、花序的混合。茎圆柱形，灰绿色，具紫褐色纵斑纹并疏生白色倒刺。叶多破碎，完整者长卵形或宽披针形；表面紫绿色，被白色硬毛，边缘具疏齿。头状花序类圆球形或圆锥形，褐色或红褐色；总苞盘状，舌状花 12~20 朵，管状花极多，具紫色龙骨状托片，长于管状花，先端尖成长刺状。通过研究，制定出了"以干燥、茎嫩色绿褐、叶多色紫绿、花序多色紫褐者为佳"药材性状质量标准。

（二）组织特征

采用显微鉴定技术对三种紫锥菊植物的不同部位进行了研究，并列出了组织结构检索表。

紫锥菊根中分泌腔散在于内皮层外方，木质部中部的外侧由薄壁性木纤维与木薄壁细胞包围导管，形成明显的木化细胞环层。淡紫紫锥菊和狭叶紫锥菊根中的分泌腔散在于射线中，厚壁纤维稀疏分布于韧皮部和木质部，胞间隙充塞有植物黑色素；但淡紫紫锥菊厚壁纤维较少，稀疏散在于韧皮部外侧约 1/3 范围内以及木质部的内侧；狭叶紫锥菊的厚壁纤维较多，单个或 2~4 个成群，散在于韧皮部和木质部中。

紫锥菊与淡紫紫锥菊的茎均为无限外韧型维管束，大小相间，断续环列；但紫锥菊茎维管束的内、外两侧均散有多数小型的裂生性分泌腔，内含黄棕色或红棕色分泌物；淡紫紫锥菊茎仅在维管束内方有时可见 1 个分泌腔。狭叶紫锥菊茎为无限型维管束，大小相间，断续环列，但大小极为悬殊，两大型维管束间常夹有 1 个极小的双韧型维管束，木质部内方常有 3~5 个韧皮部束，形成双韧型维管束。

紫锥菊为典型的两面叶构造，下表皮内方为海绵组织。狭叶紫锥菊和淡紫紫锥菊均为典型的等面叶，上下表皮内方均为栅栏组织；但狭叶紫锥菊主脉维管束上下方均有厚壁纤维束，表皮内方厚角组织发达，并散有少量纤维；淡紫紫锥菊主脉维管束上下方无厚壁纤维束，表皮内方厚角组织不发达。

（三）粉末特征

紫锥菊不同部位的粉末特征各异。根粉末有石细胞、网纹导管和具缘孔纹导管或螺纹导管、棕黄色木栓细胞、长梭形纤维，少见菊糖和细小淀粉粒。茎粉末有大量长条形碎断的纤维，具线形角质纹理的表皮碎片，具单纹孔的髓薄壁细胞，螺纹导管及网纹、具缘孔纹导管；偶见不定式气孔、断碎非腺毛和菊糖。叶粉末有叶肉组织碎片，断面观栅栏组织和海绵组织明显区分；不定式气孔，副卫细胞 4~5 个；非腺毛两种，长圆锥形多细胞毛，具明显壁疣，棒状毛壁较薄；螺纹和梯纹导管，少见网纹。花序粉末有众多花粉粒，球形，外壁具刺状突起；石细胞被黑色素；总苞表皮细胞，不定式气孔密集；中果皮碎片；舌状花碎片；花粉囊内壁细胞；长圆锥形和短棒状非腺毛；内果皮厚壁纤维，表面被棕红色色素物质；柱头表皮细胞。

紫锥菊药材粉末具有上述各部位的综合特征。常见的粉末特征有：纤维、叶肉组织碎片、茎髓薄壁细胞、舌状花碎片、花粉粒、叶上表皮细胞、多细胞非腺毛、茎表皮细胞、导管、内果皮厚壁纤维、石细胞、中果皮碎片等。

国内引种紫锥菊药材粉末特征与美国进口紫锥菊样品基本一致。

（四）理化鉴别

理化鉴别试验主要针对紫锥菊药材中的多糖、咖啡酸衍生物和烷基酰胺类三类成分，考虑到烷基酰胺类含量极低（小于 0.003%），且一般分布在根部，因此，以多糖和咖啡酸衍生物作为定性鉴别的检出成分进行了研究。

多糖检出试验分别考察了多糖检出常用的硫酸-苯酚法、α-萘酚法和硫酸-蒽酮显色反应。结果采用α-萘酚法鉴别，阳性对照与供试品溶液均呈现紫环反应，阴性对照溶液（缺失紫锥菊药材）无干扰。此反应快速，易于操作，现象明显，但方法的专属性不强，因此未纳入质量标准草案。

咖啡酸衍生物的鉴别试验分别考察了多酚类成分检出常用的鉴别反应三氯化铁（$FeCl_3$）法和溴水（Br_2）法。三氯化铁（$FeCl_3$）法试验中，阳性对照溶液和供试品溶液呈深绿色，阴性对照溶液显淡黄色。反应灵敏快速，易于操作，现象明显，阴性对照溶液无干扰，确定为咖啡酸衍生物检出反应，纳入质量标准草案。

菊苣酸专属薄层鉴别参照文献，试验主要考察了不同展开体系、展开剂不同的预饱和时间和点样量对色谱分离的影响，确定菊苣酸薄层专属鉴别的条件，按照此方法进行薄层鉴别，供试品色谱中，在与对照品色谱相应的位置上，显相同颜色（亮蓝色）的荧光斑点。方法简单、灵敏，菊苣酸分离度号，荧光清楚，重现性、专属性好，确定为菊苣酸专属薄层鉴别方法，纳入质量标准草案。

指纹图谱比较鉴别利用相似度分析软件对比分析了5批国内主产地药材和进口药材。在330nm波长和254nm波长下，5批引种药材和进口药材无显著差异，与共有模式建立的对照指纹图谱相比较，相似度均大于0.9，可以确定国内紫锥菊的5个主产地药材化学成分与进口药材基本一致，均为紫锥菊 Echinacea purpurea（L.）Moench.。

紫外光谱鉴别照《中国兽药典》2010年版二部附录26页"紫外-可见分光光度法"所记载的方法进行。参考药材的紫外鉴别方法，将3批紫锥菊经甲醇超声提取处理后，在200~400nm的波长内扫描，结果发现，紫锥菊药材粉末在（221±2）nm波长处有最大吸收。

第四节　紫锥菊生产工艺的研究

根据调查，北方通常秋季花果期采收紫锥菊，南方通常在6—7月盛花期或秋季花果期采割地上部分。已有研究表明，紫锥菊老茎中多酚类成分含量较低。在加工方法方面，湖南在采收加工时除去基部的老茎，因过多的带入基部老茎会影响药材的质量，故拟定采收时"除去老茎"。晒干是传统的中药材加工干燥方法，各地普遍使用。考虑到许多产区位于我国南方，采收加工时间正处于阴雨季节，鉴于本品挥发性成分含量较少，因此可采用低温烘干法（一般不超过60℃）；或将茎、叶、花序各部位分开后，分别晒干或低温烘干（实验已经表明区分不同部位干燥法，质量较佳）。因此紫锥菊新药研究中的炮制工艺为：除去杂质，先抖下叶，筛净；茎润透，切段，干燥后，与叶混匀；贮藏于通风干燥的仓库中。但此种采收方法导致药材中菊苣酸含量急剧下降，严重降低了紫锥菊药材的品质，因此我们又开展了大量的研究，结果采购蒸制后低温烘干的生产工艺，可有效减少菊苣酸的损失，对于提高药材品质有积极意义，因此我们建议加工工艺为：在基地采用新鲜药材提取，或者将鲜品切成5~10cm小段，将水加热后放入药材蒸制5~10min，蒸制后尽量将花和粗茎碾碎，80~90℃烘干，烘干过程中多翻动，烘干后打包贮存即可。

第五节　紫锥菊化学结构研究

一、文献资料综述

紫锥菊属 Echinacea 植物为原产于美洲的一类菊科野生花卉，中文名"紫锥菊"是从其英文俗名"Purple Coneflowen"翻译而来，在分类学上属于菊科 Compositae 松果菊属 Echinacea，主要分布在北美洲。该属植物共有 8 种及数个变种，已开发为药品者主要为紫锥菊 Echinacea Purpurea、狭叶紫锥菊 E. angustifolia 和淡紫松果菊 E. pallida 3 种，均是多年生草本，头状花序单生于茎或枝顶，其主要特征是花托为圆锥形，具有管状花和舌状花，通常玫瑰色或紫色。18 世纪北美印第安人首次将紫锥菊作为药用，19 世纪后逐渐传入欧洲，我国 20 世纪 70 年代作为观赏植物引入，现已在北京、湖南、上海、安徽、山东、浙江、四川等地引种成功。

（一）紫锥菊属植物化学成分

紫锥菊相关的化学成分研究文献资料是本项研究的主要参考依据。关于紫锥菊属植物化学成分研究国内外报道较多，到目前为止，紫锥菊已发表的科学论文已逾 400 篇，并已出版了"紫锥菊"专著，也有多篇综述进行总结和归纳。从文献报道来看，松果菊属植物的化学成分主要含烷基酰胺类和咖啡酸衍生物，此外，还含有多糖、生物碱类、多炔类、植物甾醇、黄酮类、倍半萜类、不饱和酮类等成分。自 1954 年至今，已从松果菊属植物中分离鉴定了 22 个烷基酰胺类化合物（表 4-13），结构为不饱和脂肪酰胺，其烷基部分为 4 个或 5 个碳的烷基；15 个咖啡酸类化合物（图 4-11），其中 3 个是咖啡酸与奎宁酸形成的酯，8 个是咖啡酸与酒石酸形成的酯，4 个是二羟基苯乙醇与葡萄糖、鼠李糖形成的苷；9 个不饱和酮类化合物：8-hydroxytradeca-9E-ene-11,13-diyn-2-one, 8-hydroxypentadeca-9E-ene-11, 13-diyn-2-one, tetradeca-8Z-ene-11, 13-diyn-2-one, pentadeca-8Z-ene-11, 13-diyn-2-one, pentadeca-8Z-13Z-dien-11-yn-2-one, pentadeca-8Z, 11Z, 13E-trien-2-one, pentadeca-8Z, 11E, 13Z-trien-2-one, pentadeca-8Z, 11Z-dien-2-one, echinolone（10-hydroxy-4, 10-dimethy-4, 11-dodencadien-2-one）；5 个倍半萜类化合物（图 4-12），2 个生物碱（图 4-13）。

表 4-13　紫锥菊属植物中的烷基酰胺类化合物

No.	化合物名称	No.	化合物名称
1	undeca-2E, 4Z-diene-8, 10-diynoic acid iso but ylamide	12	undeca-2E-8, 10-diynoic acid iso but ylamide
2	undeca-2E, 4E-diene 8, 10-diynoic acid iso but ylamide	13	undeca-2Z-8, 10-diynoic acid iso but ylamide
3	dodeca-2E, 4Z-diene-8, 10-diynoic acid iso but ylamide	14	dodeca-2E-8, 10-diynoic acid iso but ylamide
4	undeca-2E, 4Z-diene-8, 10-diynoic acid 2-methyl but ylamide	15	dodecar-2E, 4Z, 10Z-trien-8ynoic acid iso butylamide
5	dodeca-2E, 4E, 10-Etrien-8-ynoic acid iso but ylamide	16	undeca-2Z-8, 10-diynoic acid 2-methyl but ylamide
6	trideca-2E, 7Z-diene-10, 12-diynoic acid iso but ylamide	17	dodecar-2E-ener-8, 10-diynoic acid 2-methyl but ylamide
7	dodeca-2E, 4Z-diene-8, 10-diynoic acid 2-methyl but ylamide	18	pentadea-2E, 9Z-diene-12, 14-diynoic acid iso but ylamide
8	dodeca-2E, 4E, 8Z, 10E-tetraenoic acid iso but ylamide	19	hexadeca-2E, 9Z-diene-12, 14-diynoic acid iso but ylamide
9	dodeca-2E, 4E, 8Z, 10Ztetraenoic acid iso but ylamide	20	trideca-2E, 7Z-diene-10, 12-diynoic acid 2-methyl but ylamide
10	dodeca-2E, 4E, 8Z-trienoic acid iso but ylamide	21	pentadeca-2E, 9Z-12, 14-diynoic acid 2-methyl but ylamide
11	dodeca-2E, 4E-dienoic acid iso but ylamide	22	trideca-2E, 6E, 8Z-trine-10, 12-diynoic acid 2-methyl but ylamide

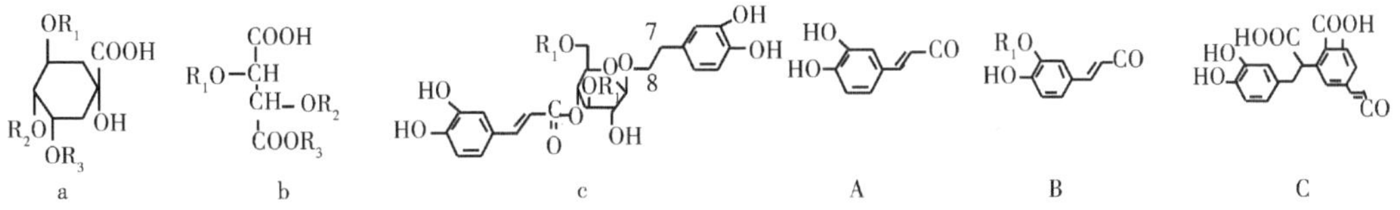

a. 鸡纳酸酯（奎宁酸酯）：1. $R_1 = A$，$R_2 = R_3 = H$ 2. $R_2 = H$，$R_1 = R_3 = A$ 3. $R_3 = H$，$R_1 = R_2 = A$；b. 酒石酸酯：4. $R_1 = B$，$R_2 = R_3 = H$ 5. $R_3 = H$，$R_1 = R_2 = A$ 6. $R_1 = A$，$R_2 = B$，$R_3 = H$ 7. $R_1 = A$，$R_2 = R_3 = H$ 8. $R_1 = A$，$R_2 = C$，$R_3 = H$ 9. $R_3 = H$，$R_1 = R_2 = C$ 10. $R_3 = H$，$R_1 = R_2 = B$ 11. $R_2 = CH_3$，$R_1 = R_2 = A$；c. 苯乙醇苷：12. $R_1 = R_2 = H$（desrhamno sylverbascoside） 13. $R_1 = rha$，$R_2 = H$（verbascoside） 14. $R_1 = rha$，$R_2 = glc$（echinacoside） 15. $R = rha$，$R_2 = 6 - A - glc$（$6 - O -$ caffeoylechinacoside）

图4-11 15个咖啡酸类化合物结构

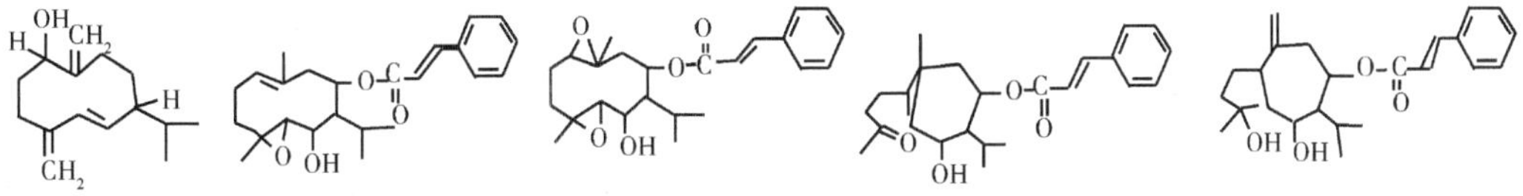

图4-12 5个倍半萜类化合物结构

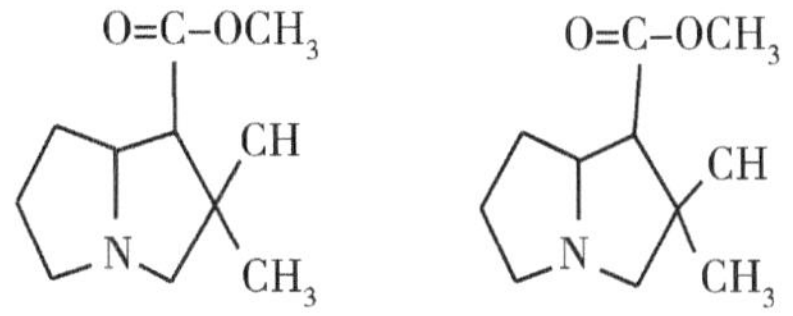

图4-13 2个生物碱化合物结构

（二）紫锥菊 *E. purpurea* 化学成分

紫锥菊的化学成分国外早期研究报道较多，我国自20世纪80年代以来，伴随着紫花松果菊在我国大面积的引种栽培成功，2000年后才始见有化学成分的研究报道。归纳分析国内外紫锥菊的化学成分研究的文献，可以得到以下结果。

（1）紫锥菊、狭叶紫锥菊和淡紫紫锥菊组成及活性成分相似。

（2）紫锥菊根中主要含有菊苣酸（Cichoric acid）和毛蕊花糖苷（Verbascoside，又名阿克苷）；狭叶紫锥菊根中主要含有洋蓟酸（Cynarin）；淡紫紫锥菊根中的特征化合物是松果菊苷（Echinacoside，又名紫锥花苷、海胆苷）。

（3）紫锥菊根含 0.2% 的精油，开花时的地上部分含精油低于 0.1%。

（4）紫锥菊根中不含海胆苷，但含 0.6%～2.1% 菊苣酸；紫锥菊地上部分咖啡酸衍生物主要为菊苣酸；紫锥菊花中富含菊苣酸，含量为 0.2%～1.3%。

（5）从紫锥菊根中鉴定出 11 个烷酰胺化合物，主要成分是 dodeca-2E，4E，8Z，10E（Z）-tetraenoic acid isobutylamid，含量为 0.004%～0.039%；紫锥菊的地上部分所含二烯型的烷酰胺与根中相同，含量在 0.001%～0.03%，主成分也相同。

（6）从紫锥菊地上部分的水提取物中分离出 2 个具有免疫活性的多糖，4-甲氧基-葡萄糖醛-阿拉伯糖-木聚糖聚糖（分子量为 35 000）和酸性阿拉伯糖-鼠李糖-半乳糖聚糖（分子量为 45 000）；从叶和茎中分离到一个木糖葡萄糖聚糖（分子量为 79 500）。

二、试验设计

中药的化学成分复杂，通常的化学成分研究一般采用传统的天然产物化学研究的技术与方法，通过系统的化学成分的提取、分离和结构鉴定，得到研究对象的化学组成及结构信息。虽然该法能够获得较完整的化学组成与结构信息，但费时（2～3 年）费力。现代的新技术新方法，如色谱-质谱连用技术 GC-MS、LC-MS 等，在已有的较充分的植物化学研究基础上，可以在较短时间周期内得到基本一致的研究结果。

根据紫锥菊化学成分研究的文献资料，紫锥菊主要含烷基酰胺类和咖啡酸衍生物成分，此外，还含有多糖、生物碱类、多炔类、植物甾醇、黄酮类、倍半萜类、不饱和酮类等。烷基酰胺类和咖啡酸衍生物在结构上分别属于碱性和酸性化学成分，适合 LC-MS 仪器特点。理论上，在 ESI 负离子模式，质谱总离子流图能够显示咖啡酸衍生物；在 ESI 正离子模式，质谱总离子流图能够显示烷基酰胺类成分。在 UV-HPLC 色谱图中，在 254nm 波长下，烷基酰胺类成分有较强吸收，咖啡酸衍生物显示弱吸收；在 330nm 波长下，烷基酰胺类成分基本无吸收，而咖啡酸衍生物显示强吸收。因此，利用 LC-MS 技术，根据化学成分的紫外高效液相色谱图和电喷雾质谱的总离子流图，结合色谱峰的保留时间和质谱分子离子及碎片离子质量数据，即可以快速的确定分析对象中这两类成分的组成和结构。

三、试验研究

(一) LC-MS 色谱条件的优化

1. 仪器与试剂

Agilent 1100 高效液相色谱仪 (配备 G1379A 脱气机、G1311A 四元泵、G1313A 自动进样仪、G1316A 柱温箱、G1315B DAD 二极管阵列检测器、HP HPLC 化学工作站); Waters-2695 高效液相色谱仪; METTLER TOLEDO AL204 电子天平, KQ-250B 型超声仪 (昆山市超声仪器有限公司); 甲醇、乙腈均为进口色谱纯, 磷酸 (色谱纯, 天津市科密欧化学试剂开发中心), 水为纯净水。

2. 色谱条件的优化

LC-MS 色谱条件的优化的技术与方法与中药化学指纹图谱研究一致, 主要目的是通过优化使获得的色谱图尽可能完整展现研究对象中的化学信息。表现在色谱图中, 在优化的色谱条件下, 色谱图应体现尽可能多的色谱峰个数和实现个峰尽可能好的分离度。参照文献方法, 试验主要优化了流动相即梯度洗脱条件, 建立了优化的色谱条件: 色谱条件: Agilent Eclipse XDB-C_{18} 色谱柱 (4.6mm×250mm, 5μm); Agilent 保护柱 (XDB-C_{18} 柱芯); 柱温 30℃; 流速 1.0mL/min; 进样量 10μm; 检测波长: 330nm, 254nm。流动相为乙腈 (B) -0.1%甲酸溶液 (A) 梯度洗脱, 梯度程序: 1~10min, 8~18.5 B; 10~11.5min, 12.5~25 B; 11.5~16.5min, 20~30 B; 16.5~21.5min, 30~31.5 B; 21.5~23.5min, 31.5~50 B; 23.5~39.5min, 50 B; 39.5~60min, 50~80 B。

在优化的色谱条件下, 本品色谱图中的个峰实现了较好的分离。

(二) LC-MS 分析

1. 仪器与试剂

UVW-Agilent 1200 高效液相色谱仪; Ion Trap 质量分析器, 工作条件: 模式, 正负离子切换。干燥气流量, 12L/min。雾化器压力, 35psi*。干燥气温度, 350℃。离子源, ESI。分流, 1:1 分流。m/z 范围, 50~1 000; METTLER TOLEDO AL204 电子天平, KQ-250B 型超声仪 (昆山市超声仪器有限公司); 甲醇、乙腈均为进口色谱纯, 甲酸 (色谱纯, 天津市科密欧化学试剂开发中心), 水为纯净水。

---

* psi 是压力单位, 1MPa=145psi。

2. 材料

试验用紫锥菊药材（地上部分），搜集于全国各主要栽培地。所收集的药材情况差异较大，部位包括根、茎、茎花序、茎叶花序、根及茎、地上部分（茎叶花序）等。

3. LC-MS 分析

为使所选药材具有代表性，对搜集到的 5 批紫锥菊地上部分（2-234，4-234，8-234，12-234，13-234）进行了 UV-HPLC 比较分析（图 4-14a，图 4-14b），其中 2-234（安徽桐城）药材菊苣酸含量最高，种植面积大，产能较稳定，具有代表性，其化学组成及结构分析可代表国内栽培紫锥菊的情况。同时，对国内种植面积相对较大的 5 批药材与进口药材在 330nm（咖啡酸衍生物特征吸收）和 254nm（烷基酰胺衍生物特征吸收）波长下的 HPLC 指纹图谱进行了比较，结果证实无明显差异。因此，选择 2-234（安徽桐城）紫锥菊作为本项研究用药材。

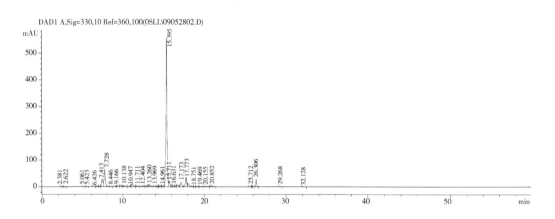

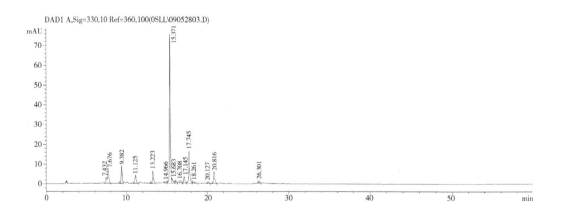

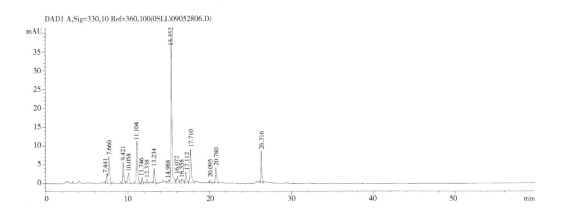

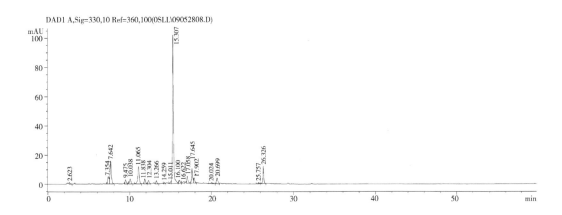

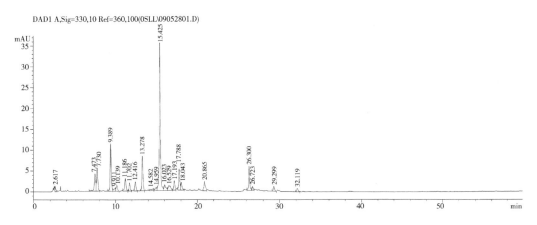

图 4-14a　5 批紫锥菊药材 LC-MS 的 UV-330nm 色谱

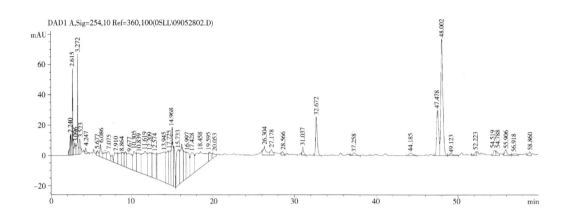

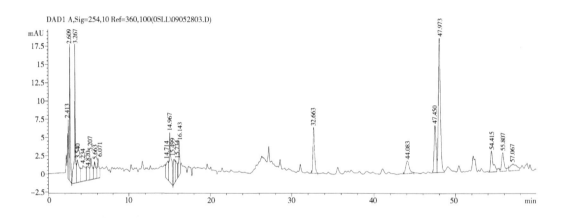

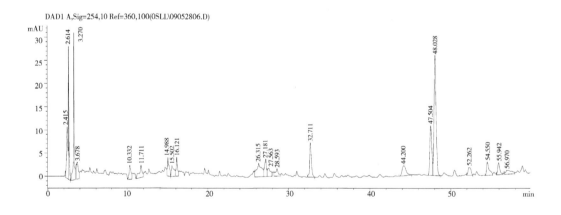

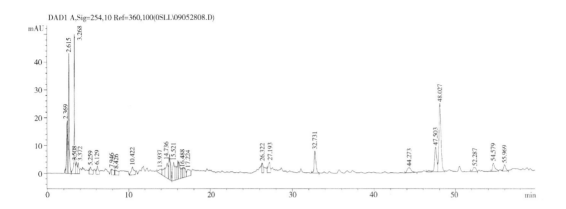

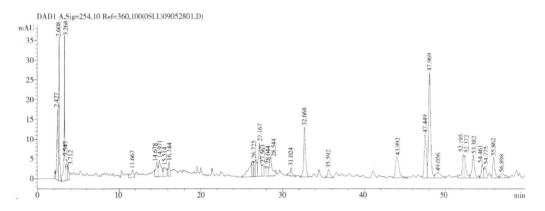

图 4-14b 5 批紫锥菊药材 LC-MS 的 UV-254nm 色谱

（1）供试品溶液制备。准确称取粉碎过 40 目筛的紫锥菊药材 0.100g，70%（v/v）甲醇溶液 10mL，回流（85℃）提取 30min，冷却后以提取溶剂补足减失重量。过滤，取续滤液作为供试品溶液。

（2）色谱条件。Agilent Eclipse XDB-C$_{18}$色谱柱（4.6mm×250mm，5μm）；Agilent 保护柱（XDB-C$_{18}$柱芯）；柱温 30℃；流速 1.0mL/min；进样量 10μL；检测波长：330nm，254nm。流动相为乙腈（B）-0.1%甲酸溶液（A）梯度洗脱，梯度程序：1~10min，8~18.5 B；10~11.5min，18.5~25 B；11.5~16.5min，25~30 B；16.5~21.5min，30~31.5 B；21.5~23.5min，31.5~50 B；23.5~39.5min，50 B；39.5~60min，50~80 B。

（3）MS 工作条件。

模式：正负离子切换。干燥气流量：12L/min。雾化器压力：35psi。干燥气温度：350℃。离子源：ESI。分流：1∶1 分流。m/z 范围：50~1 000。

（4）LC-MS 分析。按上述 HPLC 和 Ion Trap MS 的工作条件进样分析，得到样品的紫外色谱图（图4-15）（UV，32min前检测波长330nm，32min后检测波长254nm）、总离子流（TIC）-紫外对比图（图4-16）。

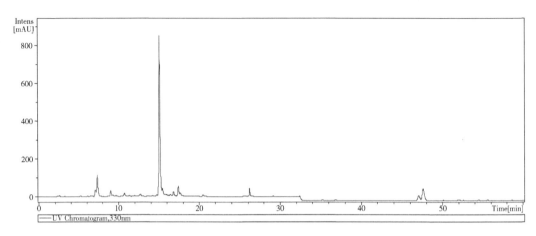

图4-15 紫锥菊药材2-234的UV-HPLC色谱

（检测波长：32min前330nm，32min后254nm）

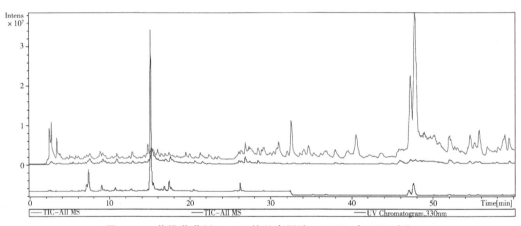

图4-16 紫锥菊药材2-234的总离子流（TIC）与UV对比

（三）组成分析与结构确证

对比分析本品紫外-总离子流对比图（图4-16），根据HPLC色谱图主要色谱峰相对应的ESI正负离子模式的离子流图峰的质谱数据，本品所含的主要咖啡酸衍生物化学成分结构鉴定结果如下。

（1）十一碳-2E，4Z-二烯-8，10-二炔酸异丁酰胺（Undeca-2E，4Z-diene-8，10-diynoic acid isobutylamide），分子式$C_{15}H_{19}NO$，分子量229，结构式如下。

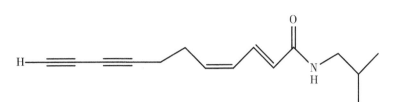

Undeca-2E，4Z-diene-8，10-diynoic acid isobutylamide

结构鉴定：

基于已有的系统化学成分研究的基础，紫锥菊中的烷基酰胺类成分的结构鉴定一般根据分子离子峰的荷质比结合出峰时间顺序来确定。在保留时间 32.4~32.7min 的色谱峰的 ESI 正离子模式质谱图中，质荷比 m/z 230.1 对应的准分子离子［M+H］$^+$（100），由此确定该色谱峰对应的化合物的分子量为 229。紫锥菊中的烷基酰胺类成分分子量为 229 的化合物共有 2 个，分别为 Undeca-2E，4Z-diene-8，10-diynoic acid isobutylamide 和 Undeca-2Z，4E-diene-8，10-diynoic acid isobutylamide，它们是仅仅碳-2 和碳-4 位的立体构型差异的同分异构体，根据文献，2E，4Z 构型出峰较早，2Z，4E 构型出峰在后，因此，鉴定其结构为：Undeca-2E，4Z-diene-8，10-diynoic acid isobutylamide。

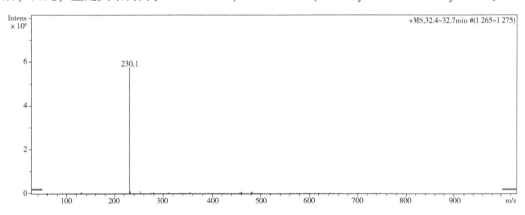

（2）十一碳-2E-烯-8，10-二炔酸异丁酰胺（Undeca-2E-ene-8，10-diynoic acid isobutylamide），分子式 $C_{15}H_{21}NO$，分子量 231.34，结构式如下。

Undeca-2E-ene-8，10-diynoic acid isobutylamide

结构鉴定：

在保留时间 34.0～34.1min 的色谱峰的 ESI 正离子模式质谱图中，质荷比 m/z 232.1 对应的准分子离子［M+H］⁺（100），质荷比 m/z 254.1 对应的准分子离子［M+Na］⁺，由此可以确定该色谱峰对应的化合物的分子量为231。由此鉴定保留时间 34.0～34.2min 的色谱峰为：Undeca-2E-ene-8，10-diynoic acid isobutylamide。

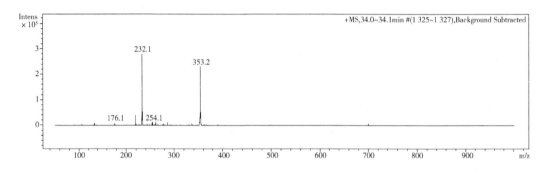

（3）十一碳-2Z，4E-二烯-8，10-二炔酸异丁酰胺（Undeca-2Z，4E-diene-8，10-diynoic acid isobutylamide），分子式 $C_{15}H_{19}NO$，分子量229，结构式如下。

Undeca-2Z，4E-diene-8，10-diynoic acid isobutylamide

在保留时间 35.2～35.3min 的色谱峰的 ESI 正离子模式质谱图中，质荷比 m/z 230.2 对应的准分子离子［M+H］⁺（100），质荷比 m/z 252.2 对应的准分子离子［M+Na］⁺，由此确定该色谱峰对应的化合物的分子量为229。紫锥菊中的烷基酰胺类成分分子量为229的化合物共有2个，分别为 Undeca-2E，4Z-diene-8，10-diynoic acid isobutylamide 和 Undeca-2Z，4E-diene-8，10-diynoic acid isobutylamide，它们是仅仅碳-2 和碳-4 位的立体构型差异的同分异构体，根据文献，2E，4Z 构型出峰较早，2Z，4E 构型出峰在后，因此，鉴定保留时间 35.2～35.3min 的色谱峰结构为：Undeca-2Z，4E-diene-8，10-diynoic acid isobutylamide。

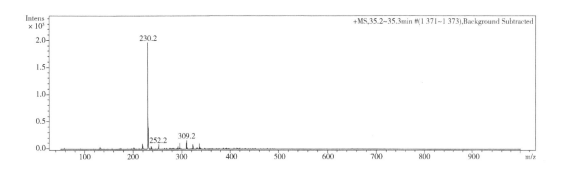

（4）十二碳-2E，4Z-二烯-8，10-二炔酸异丁酰胺（Dodeca-2E，4Z-diene-8，10-diynoic acid isobutylamide），分子式 $C_{16}H_{21}NO$，分子量243，结构式如下。

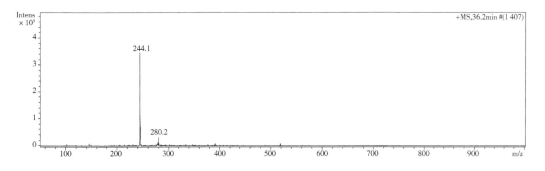

Dodeca-2E，4Z-diene-8，10-diynoic acid isobutylamide

结构鉴定：

在保留时间36.2min的色谱峰的ESI正离子模式质谱图中，质荷比 m/z 244.1对应的准分子离子［M+H］$^+$（100），由此确定该色谱峰对应的化合物的分子量为243。紫锥菊中的烷基酰胺类成分分子量为243的化合物共有2个，分别为 Undeca-2E，4Z-diene-8，10-diynoic acid 2-methylbutylamide 和 Dodeca-2E，4Z-diene-8，10-diynoic acid isobutylamide，它们是同分异构体，根据文献，Dodeca 异构体出峰较早，Undeca 异构体出峰在后，因此，鉴定保留时间36.2min的色谱峰结构为：Dodeca-2E，4Z-diene-8，10-diynoic acid isobutylamide。

（5）十一碳-2E，4Z-二烯-8，10-二炔酸-2-甲基丁酰胺（Undeca-2E，4Z-diene-8，10-diynoic acid 2-methylbutylamide），分子式 $C_{16}H_{21}NO$，分子量243.35，结构式如下。

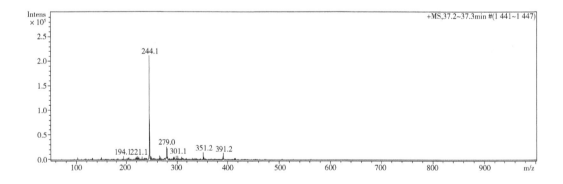

Undeca-2E，4Z-diene-8，10-diynoic acid 2-methylbutylamide

结构鉴定：

在保留时间 37.2~37.3min 的色谱峰的 ESI 正离子模式质谱图中，质荷比 m/z 244.1 对应的准分子离子 $[M+H]^+$（100），由此确定该色谱峰对应的化合物的分子量为 243。紫锥菊中的烷基酰胺类成分分子量为 243 的化合物共有 2 个，分别为 Undeca-2E，4Z-diene-8，10-diynoic acid 2-methylbutylamide 和 Dodeca-2E，4Z-diene-8，10-diynoic acid isobutylamide，它们是同分异构体，根据文献，Dodeca 异构体出峰较早，Undeca 异构体出峰在后，因此，鉴定保留时间 37.2~37.3min 的色谱峰结构为：Undeca-2E，4Z-diene-8，10-diynoic acid 2-methylbutylamide。

（6）十二碳-2E，4Z-二烯-8，10-二炔酸-2-甲基丁酰胺（Dodeca-2E，4Z-diene-8，10-diynoic acid 2-methylbutyl amide）或十三碳-2E，7Z-二烯-10，12-二炔酸异丁酰胺（Trideca-2E，7Z-diene-10，12-diynoic acid isobutylamide），分子式 $C_{17}H_{23}$

NO，分子量 257.38，结构式如下。

Dodeca-2E，4Z-diene-8，10-diynoic acid 2-methylbutylamide

Trideca-2E，7Z-diene-10，12-diynoic acid isobutylamide

结构鉴定：

在保留时间 40.5～40.8min 的色谱峰的 ESI 正离子模式质谱图中，质荷比 m/z 258.1 对应的准分子离子 [M+H]⁺（100），m/z 280.1 对应的准分子离子 [M+Na]⁺，由此确定该色谱峰对应的化合物的分子量为 257。紫锥菊中的烷基酰胺类成分分子量为 257 的化合物共有 2 个，分别为 Dodeca-2E，4Z-diene-8，10-diynoic acid 2-methylbutyl amide 和 Trideca-2E，7Z-diene-10，12-diynoic acid isobutylamide，它们是同分异构体，根据文献，Dodeca 异构体出峰较早，Trideca 异构体出峰在后，但在质谱图中未见不同保留时间的 2 个相同质谱图，因此，鉴定保留时间 40.5-40.8min 的色谱峰结构为：Dodeca-2E，4Z-diene-8，10-diynoic acid 2-methylbutyl amide 或 Trideca-2E，7Z-diene-10，12-diynoic acid isobutylamide。

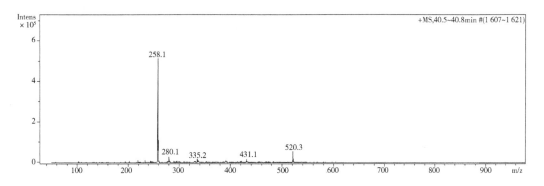

（7）十二碳-2E，4E，8Z，10Z-四烯酸异丁酰胺（Dodeca-2E，4E，8Z，10Z-tetrae-noic acid isobutylamide）和十二碳-2E，4E，8E，10Z-四烯酸异丁酰胺（Dodeca-2E，4E，8E，10Z-tetraenoic acid isobutylamide），分子式 $C_{16}H_{25}NO$，分子量247，结构式如下。

Dodeca-2E，4E，8Z，10Z-tetraenoic acid isobutylamide

Dodeca-2E，4E，8E，10Z-tetraenoic acid isobutylamide

结构鉴定：

在保留时间47.2～47.8min的色谱峰的ESI正离子模式质谱图中，质荷比 m/z 248.1对应的准分子离子［M+H］⁺（100），m/z 494.7对应的准分子离子［2M+H］⁺，由此确定该色谱峰对应的化合物的分子量为247。紫锥菊中的烷基酰胺类成分分子量为257的化合物共有3个，其中，Dodeca-2E，4E，8Z，10Z-tetraenoic acid isobutylamide 和 Dodeca-2E，4E，8E，10Z-tetraenoic acid isobutylamide 是紫锥菊中的烷基酰胺类的主要成分，一般呈现一个对称性不好的色谱峰，质谱图完全一样，是丰度最高的色谱峰。基于以上分析，鉴定保留时间47.2～47.8min的色谱峰结构为：Dodeca-2E，4E，8Z，10Z-tetraenoic acid isobutylamide 和 Dodeca-2E，4E，8E，10Z-tetraenoic acid isobutylamide。

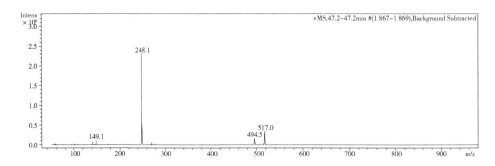

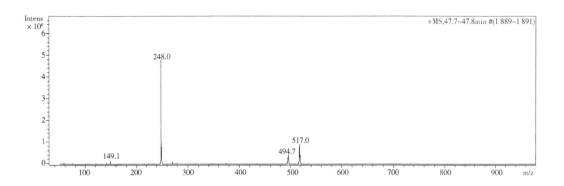

（8）单咖啡酰酒石酸（Caftaric acid），分子式 $C_{13}H_{12}O_9$，分子量312，结构式如下。

结构鉴定：

保留时间7.3～7.6min 对应的色谱峰，在 ESI 负离子模式质谱图中，质荷比 m/z 311.0 对应的准分子离子 [M-H，100]⁻，质荷比 m/z 623.0 对应的双分子离子 [2M-H]⁻，与单咖啡酰酒石酸分子量一致。质荷比（m/z）149.0、179.0（按丰度排列）分别对应的是咖啡酸和酒石酸碎片离子。以上分析鉴定保留时间7.3～7.6min 的色谱峰为单咖啡酰酒石酸。

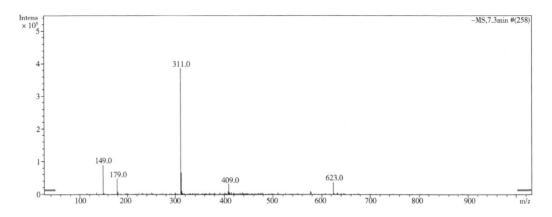

（9）绿原酸（Chlorogenic acid），分子式 $C_{16}H_{18}O_9$，分子量 354，结构式如下。

结构鉴定：

保留时间 9.2～9.3min 对应的色谱峰，在 ESI 负离子模式质谱图中，质荷比 m/z 353.0 对应的准分子离子 [M-H，100]⁻，质荷比 m/z 707.1 对应的双分子离子 [2M-H]⁻。在 ESI 正离子模式质谱图中，质荷比 m/z 354.9 对应的准分子离子 { [M+H]⁺，100}⁻，两种模式下的准分子离子质荷比数据与绿原酸分子量一致。在 ESI 正离子模式质谱图中，质荷比 m/z 163.0、279.1（按丰度排列）分别对应的是咖啡酰、[M-CO₂-O₂+ H]⁺分子碎片。以上分析鉴定保留时间 9.2～9.3min 的色谱峰为单咖啡酰酒石酸。

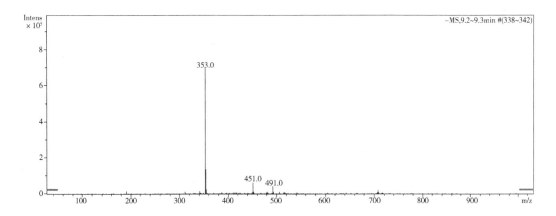

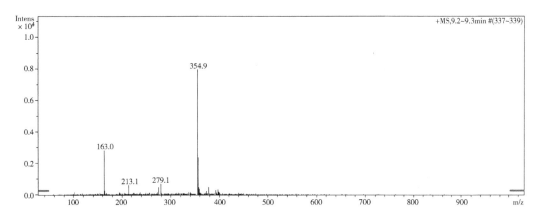

（10）2-氧代-阿魏酰基酒石酸（2-O-ferμloyl tartaric acid），分子式 $C_{14}H_{14}O_9$，分子量 326，结构式如下。

结构鉴定：

保留时间 10.9~11.1min 对应的色谱峰，在 ESI 负离子模式质谱图中，质荷比 m/z 325.0 对应的准分子离子 [M-H，100]⁻，与 2-氧代-阿魏酰基酒石酸的分子量一致。质荷比（m/z）193.0 对应的是阿魏酸碎片离子。以上分析鉴定保留时间 11.0min 的色谱峰为单咖啡酰酒石酸。

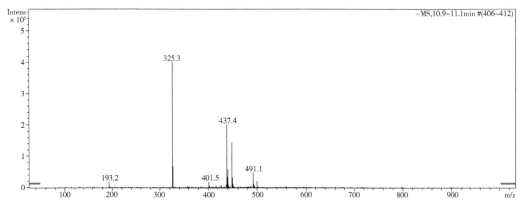

（11）菊苣酸（Cichoric acid），分子式 $C_{22}H_{18}O_{12}$，分子量474，结构式如下。

结构鉴定：

保留时间15.2~15.3min 对应的色谱峰，在 ESI 负离子模式质谱图中，质荷比 m/z 473.1 对应的是准分子离子 [M-H，100]⁻，质荷比 m/z 947.1 对应的是双分子离子 [2M-H]⁻，与单咖啡酰酒石酸分子量一致。质荷比 m/z 310.9 对应的是菊苣酸分子丢失咖啡酰基的碎片离子。以上分析鉴定保留时间15.2~15.3min 的色谱峰为菊苣酸。

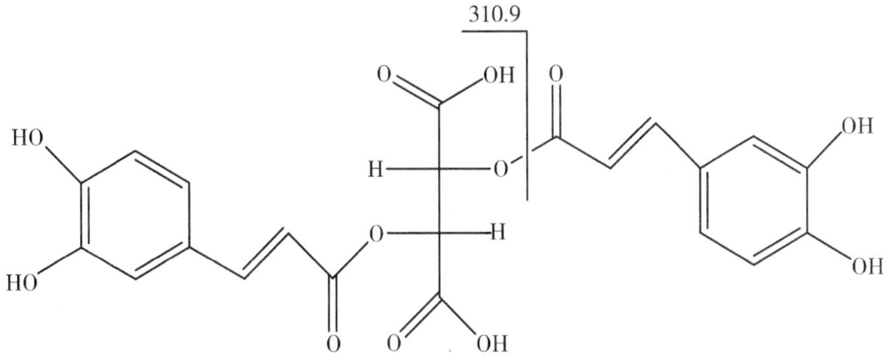

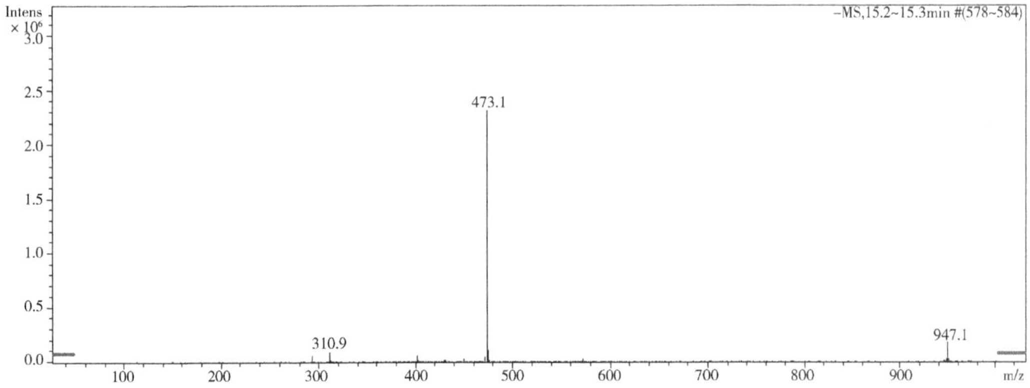

（12）2-氧咖啡酰基-3-氧-阿魏酰基酒石酸（2-O-Caffeoyl-2-O-ferµloyl tartaric acid），分子式 $C_{23}H_{20}O_{12}$，分子量488，结构式如下。

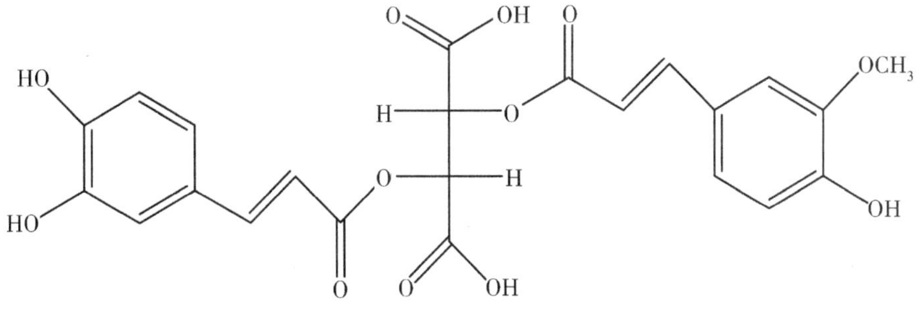

结构鉴定：

保留时间17.6min对应的色谱峰，在ESI负离子模式质谱图中，质荷比 m/z 487.1 对应的是准分子离子［M-H，100］‾，与2-氧咖啡酰基-3-氧-阿魏酰基酒石酸分子量一致。质荷比（m/z）325.1、293.2（按丰度顺序）分别对应的是分子丢失咖啡酰基和阿魏酸的碎片离子。以上分析鉴定保留时间17.6min的色谱峰为2-氧咖啡酰基-3-氧-阿魏酰基酒石酸。

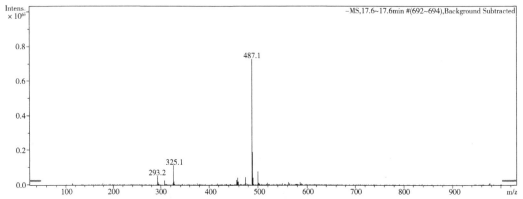

（13）2，3-氧-双阿魏酰基酒石酸，分子式 $C_{24}H_{22}O_{12}$，分子量502，结构式如下。

结构鉴定：

保留时间20.7min对应的色谱峰，在ESI负离子模式质谱图中，质荷比 m/z 501.1 对应的是准分子离子 ［M-H，100］⁻，与2，3-氧-双阿魏酰基酒石酸分子量一致。质荷比（m/z）307.3对应的是分子丢失1个阿魏酸中性分子片断的双负离子碎片离子。以上分析鉴定保留时间 20.7min 的色谱峰为 2，3-氧-双阿魏酰基酒石酸。

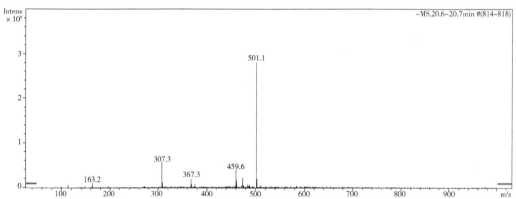

四、结论

上述试验证实，本品主要含 8 种烷基酰胺化合物，6 种咖啡酸衍生物，其化学名和结构分别如下。

（1）十一碳-2E，4Z-二烯-8，10-二炔酸异丁酰胺（Undeca-2E，4Z-diene-8，10-diynoic acid isobutylamide），分子式 $C_{15}H_{19}NO$，分子量 229，结构式如下。

（2）十一碳-2E-烯-8，10-二炔酸异丁酰胺（Undeca-2E-ene-8，10-diynoic acid

isobutylamide），分子式 $C_{15}H_{21}NO$，分子量 231.34，结构式如下。

（3）十一碳-2Z，4E-二烯-8，10-二炔酸异丁酰胺（Undeca-2Z，4E-diene-8，10-diynoic acid isobutylamide），分子式 $C_{15}H_{19}NO$，分子量 229，结构式如下。

（4）十二碳-2E，4Z-二烯-8，10-二炔酸异丁酰胺（Dodeca-2E，4Z-diene-8，10-diynoic acid isobutylamide），分子式 $C_{16}H_{21}NO$，分子量 243，结构式如下。

（5）十一碳-2E，4Z-二烯-8，10-二炔酸-2-甲基丁酰胺（Undeca-2E，4Z-diene-8，10-diynoic acid 2-methylbutylamide）分子式 $C_{16}H_{21}NO$，分子量 243.35，结构式如下。

（6）十二碳-2E，4Z-二烯-8，10-二炔酸-2-甲基丁酰胺（Dodeca-2E，4Z-diene-8，10-diynoic acid 2-methylbutyl amide）或十三碳-2E，7Z-二烯-10，12-二炔酸

异丁酰胺（Trideca-2E，7Z-diene-10，12-diynoic acid isobutylamide），分子式 $C_{17}H_{23}NO$，分子量 257，结构式如下。

Dodeca-2E，4Z-diene-8，10-diynoic acid 2-methylbutylamide

Trideca-2E，7Z-diene-10，12-diynoic acid isobutylamide

（7）十二碳-2E，4E，8Z，10Z-四烯酸异丁酰胺（Dodeca-2E，4E，8Z，10Z-tetraenoic acid isobutylamide）和十二碳-2E，4E，8E，10Z-四烯酸异丁酰胺（Dodeca-2E，4E，8E，10Z-tetraenoic acid isobutylamide），分子式 $C_{16}H_{25}NO$，分子量 247.38，结构式如下。

Dodeca-2E，4E，8Z，10Z-tetraenoic acid isobutylamide

Dodeca-2E，4E，8E，10Z-tetraenoic acid isobutylamide

（8）单咖啡酰酒石酸（Caftaric acid），分子式 $C_{13}H_{12}O_9$，分子量 312，结构式如下。

（9）绿原酸（Chlorogenic acid），分子式 $C_{16}H_{18}O_9$，分子量 354，结构式如下。

（10）2-氧代-阿魏酰基酒石酸（2-O-ferμloyl tartaric acid），分子式 $C_{14}H_{14}O_9$，分子量 326，结构式如下。

（11）菊苣酸（Cichoric acid），分子式 $C_{22}H_{18}O_{12}$，分子量 474，结构式如下。

（12）2-氧咖啡酰基-3-氧-阿魏酰基酒石酸（2-O-Caffeoyl-3-O-ferμloyl tartaric acid），分子式 $C_{23}H_{20}O_{12}$，分子量 488，结构式如下。

（13）2，3-氧-双阿魏酰基酒石酸，分子式 $C_{24}H_{22}O_{12}$，分子量502，结构式如下。

第六节　紫锥菊药材质量标准研究

一、性状

依据收集的样品，取干燥的紫锥菊全草药材以及不同部位，照《中国兽药典》

2010 年版二部附录 14 页"药材检定通则"所记载的方法，对紫锥菊药材不同部位的形状、大小、色泽、表面、质地、断面、气味等特征，逐一详细观察、描述与整理，在此基础上，制订出紫锥菊药材性状鉴定标准。

二、鉴别

（一）显微鉴别

取紫锥菊全草药材，照《中国兽药典》2010 年版附录 15 页"显微鉴别法"，对紫锥菊药材分部位按常规进行石蜡切片、粉末制片、表面制片、解离组织制片、细胞及细胞内含物测量、细胞壁和细胞内含物性质检定等。以相应的显微技术观察、描述、显微照相或绘制墨线图。根据实验结果，并与同属的狭叶紫锥菊和淡紫紫锥菊不同部位的组织进行比较，制订出紫锥菊的显微鉴定标准。

（二）理化鉴别

分别对多糖、咖啡酸衍生物、菊苣酸专属鉴别、紫外光谱鉴别、指纹图谱鉴别。

多糖鉴别选择通用的硫酸-苯酚法、硫酸-蒽酮法和 α-萘酚法（Molish 反应），对本品 7 批样品进行鉴别试验，结果均呈阳性。其中，硫酸-苯酚法试验，葡聚糖阳性对照与供试品溶液显橘黄色，阴性对照无色，显色反应颜色变化不显著。硫酸-蒽酮法试验，葡聚糖阳性对照与供试品溶液显黄绿色，阴性对照显黄色，阴性对照有干扰。α-萘酚法试验，操作简单，反应快速，葡聚糖阳性对照与供试品溶液显鲜艳的紫色圆环，颜色反应对比度大，阴性对照溶液（空白）无干扰，但此方法不能区别单糖与多糖，无专属性，故不收入质量标准草案。

咖啡酸衍生物鉴别选择通用的酚类成分的鉴别反应三氯化铁（$FeCl_3$）法和溴水（Br_2）法，对本品 7 批样品进行鉴别试验。结果显示，溴水（Br_2）反应呈阴性，供试品溶液、阳性对照溶液（菊苣酸）与阴性对照溶液（缺失紫锥菊药材）间颜色差异不明显，未见溴水黄色退去和沉淀生成。$FeCl_3$ 反应呈阳性，供试品溶液与阳性对照溶液（菊苣酸）呈草绿色，阴性对照溶液（缺失紫锥菊药材）无干扰（浅黄色）。反应灵敏快速，易于操作，现象明显，收入质量标准草案中。

菊苣酸的专属薄层色谱鉴别对本品 7 批药材进行专属薄层色谱鉴别试验，按草案方法展开检视，供试品色谱中，在与对照品色谱相应的位置上，显相同的亮蓝色斑点，阴性对照样品（同时按处方量制成的缺失紫锥菊样品）无干扰，收入质量标准草案中。

三、检查

依据《中国兽药典》2010 年版二部附录 14，设计了检查项包括杂质、水分、总灰分、酸不溶性灰分、重金属及有害元素、有机氯农药残留等。

（一）杂质

照《中国兽药典》2010 年版二部附录 50 "杂质检查法"的规定进行检查。

药材中混存的杂质系指：来源于规定相同，但其性状或部位与规定不符；来源与规定不同的物质；无机杂质，如砂石、泥块、尘土等。

检查方法：取规定量的供试品，摊开，用肉眼或放大镜（5~10 倍）观察，将杂质拣出；如其中有可以筛分的杂质，则通过适当的筛，将杂质分出；将各类杂质分别称重，计算其在供试品中的含量（%）。分别测定各紫锥菊样品，结果见表 4-14。

表 4-14　紫锥菊药材杂质检查结果（$n=3$）

编号	杂质含量（%）	RSD（%）
1-24	0	0
2-1	3.47±0.078	2.25
2-2	1.59±0.001	0.604
2-3	5.97±0.011	0.191
2-4	0.402±0.000	0.116
4-234	0	0
8-234	0	0
9-2	20.69±0.516	2.50
9-3	7.51±0.180	2.40
9-4	0.995±0.007	0.699
12-234	0	0

结果按《中国兽药典》规定检查，紫锥菊分不同部位样品中的杂质含量偏高，经分析，杂质大多数为其他部位的掺入，如 9-2 茎中掺入了一定比例的花序，2-3 和 9-3 叶中含有一定量的花序和小茎，根中也含有少量的花序和细茎，不属于杂质范畴。紫锥菊药材地上部分样品中基本未检出杂质。

为了控制紫锥菊药材的纯度，参考《美国药典》（USP30）关于紫锥菊地上部分杂质的限量标准，确定紫锥菊药材地上部分中杂质不得过3.0%。

（二）水分

由于紫锥菊药材中少含挥发性成分，按照《中国兽药典》2010年版二部附录57页水分测定法项下第一法（烘干法）进行测定。

测定法取供试品（粉碎，通过二号筛）2～5g，平铺于干燥至恒重的扁形称瓶中，厚度不超过5mm，精密称定，打开瓶盖在100～105℃干燥5h，将瓶盖盖好，移置干燥器中，冷却30min，精密称定，再在上述温度干燥1h，冷却，称重，至连续两次称重的差异不超过5mg为止。根据减失的重量，计算供试品中含水量（%）。分别测定各紫锥菊药材样品，结果见表4-15。

表4-15 紫锥菊药材水分测定结果（$n=3$）

编号	水分含量（%）	RSD（%）
1-24	8.38±0.236	2.81
2-1	12.08±0.136	1.12
2-2	11.52±0.140	1.22
2-3	14.22±0.057	0.399
2-4	12.39±0.019	0.155
3	6.22±0.082	1.32
4-234（1）	7.78±0.024	0.306
4-234（2）	9.21±0.123	1.34
9-1	9.51±0.133	1.39
9-2	9.36±0.084	0.898
9-3	10.06±0.063	0.626
9-4	11.79±0.230	1.95
12-234	10.40±0.228	2.19
15	7.31±0.365	4.99
16	7.33±0.723	0.995
17	7.76±0.004	0.056

结果表明，紫锥菊各样品中水分含量以叶与花序最高，2号4个样品水分含量均

高，可能与取样过程中正值暴雨天受潮有关。以 2-3 含水量最高，3 号含水量最低。在同一产地中，各部位含水量均具有显著性差异。安徽桐城样品的含水量由高到低依次为：叶>花>根>茎；湖北襄阳样品的含水量由高到低依次为：花>叶>根>茎；浙江淳安样品的含水量由高到低依次为：叶>茎>花。说明在相同的贮藏条件下，叶最容易吸潮。

引种紫锥菊药材地上部分样品中的水分含量在 7.78%~10.40%，进口紫锥菊（15-17 号美国对照样品）水分含量在 7.31%~7.76%，经计算并参考《美国药典》（USP30）对紫锥菊地上部分水分的限量标准，确定紫锥菊药材地上部分中水分不超过 10.0%。

（三）灰分测定

照《中国兽药典》2010 年版二部附录 59 灰分测定法进行测定。

将样品粉碎，过二号筛，并混合均匀。

总灰分测定法取样品约 4g，置炽灼至恒重的坩埚中，称定重量（准确至 0.01g），缓缓炽热，注意避免燃烧，至完全炭化时，逐渐升高温度至 500~600℃，使完全灰化并至恒重。根据残渣重量，计算供试品中总灰分的含量（%）。

酸不溶灰分测定法取上项所得的灰分，在坩埚中小心加入稀盐酸约 10mL，用表面皿覆盖坩埚，置水浴上加热 10min，表面皿用热水 5mL 冲洗，洗液并入坩埚中，用无灰滤纸过滤，坩埚内的残渣用水洗于滤纸上，并洗涤至洗液不显氯化物反应为止。滤渣连同滤纸移置同一坩埚中，干燥，炽灼至恒重。根据残渣重量，计算供试品中酸不溶灰分的含量（%）。分别测定各紫锥菊药材样品，结果见表 4-16。

结果表明，分不同部位的紫锥菊样品中，总灰分含量：叶>花>根>茎；酸不溶性灰分含量：叶>根>花>茎；叶中总灰分和酸不溶性灰分含量均为最高，可能与紫锥菊的叶主要为基生、叶片被有糙毛、容易沾附泥土所致。

紫锥菊药材地上部分样品中总灰分在 6.10%~10.92%，平均含量 7.63%，参考《美国药典》（USP30）紫锥菊地上部分对总灰分限量标准，确定紫锥菊药材地上部分中总灰分不得过 10.0%。其中样品 4-234（1）中（含有少量泥土）总灰分略偏高，其他紫锥菊原料药样品均符合此标准。

紫锥菊药材地上部分样品中酸不溶性灰分在 0.66%~3.75%，平均含量 1.11%，参考《美国药典》（USP30）紫锥菊地上部分对酸不溶性灰分的限量标准，确定紫锥菊药材地上部分中酸不溶性灰分不得过 2.5%。除 4-234（1）外（含有少量泥土），其他紫锥菊原料药样品均符合此标准。

美国紫锥菊对照品15号（茎叶）、16（根）、17号（狭叶紫锥菊根）总灰分与酸不溶性灰分含量均较低。

表 4-16　紫锥菊药材灰分测定结果（n=3）

编号	总灰分（%）	RSD（%）	酸不溶性灰分（%）	RSD（%）
1-24	6.55±0.039	0.597	0.166±0.004	2.36
2-1	5.99±0.080	1.34	0.976±0.025	2.52
2-2	5.04±0.071	1.41	0.046±0.001	1.78
2-3	15.86±0.075	0.473	4.08±0.101	2.48
2-4	8.47±0.067	0.787	0.364±0.010	2.69
3	9.52±0.051	0.540	0.962±0.026	2.74
4-234（1）	10.92±0.189	1.73	3.75±0.027	0.710
4-234（2）	6.10±0.034	0.553	0.66±0.018	2.80
8-234	7.45±0.017	0.223	0.668±0.004	0.554
9-1	7.69±0.071	0.926	1.91±0.028	1.46
9-2	6.10±0.141	2.30	0.856±0.022	2.55
9-3	14.20±0.113	0.793	2.78±0.082	2.95
9-4	10.38±0.032	0.309	0.701±0.006	0.790
12-2	5.09±0.137	2.69	0.061±0.002	2.63
12-3	14.64±0.155	1.06	2.13±0.049	2.31
12-4	9.73±0.070	0.722	0.223±0.002	1.07
12-234	7.15±0.182	2.54	0.298±0.005	1.80
15	6.93±0.099	1.44	0.171±0.002	1.12
16	4.59±0.072	1.59	0.321±0.005	1.41
17	3.57±0.028	0.788	0.131±0.001	0.531

（四）重金属及有害元素测定

测定重金属及有害元素的种类包括铅、镉、砷、汞、铜。

按照《中国兽药典》2010年版二部附录，参照国家标准规定的方法进行测定。

铅——依据中华人民共和国国家标准 GB/T 5009.12—2003，食品中铅的测定

镉——依据中华人民共和国国家标准 GB/T 5009.15—2003，食品中镉的测定

砷——依据中华人民共和国国家标准 GB/T 5009.11—2003，食品中总砷及无机砷的测定

汞——依据中华人民共和国国家标准 GB/T 5009.17—2003，食品中总汞及有机汞的测定

铜——依据中华人民共和国国家标准 GB/T 5009.13—2003，食品中铜的测定

仪器：原子吸收分光光度计（附石墨炉及铅空心阴极灯）、原子荧光光度计、双道原子荧光光度计等。

检测单位：农业部食品质量监督检验测试中心（济南）。

经总结见表4-17。

表 4-17　重金属及有害元素测定结果（mg/kg）

样品编号	1-24	2-234	12	13
来源	四川青川	安徽桐城	浙江淳安	四川成都
铅	0.44	0.52	0.32	0.48
镉	0.046	0.059	0.12	0.10
砷	0.080	0.038	0.51	0.21
汞	未检出 （<0.001）	未检出 （<0.001）	未检出 （<0.001）	未检出 （<0.001）
铜	8.2	7.9	7.4	5.2

检测结果显示，所有药材样品的所有检测项目均远低于《中国兽药典》重金属及有害元素的限量标准。

参考《中国兽药典》的规定，本标准确定紫锥菊药材地上部分中铅不得超过百万分之五、镉不得超过千万分之三、砷不得超过百万分之二、汞不得超过千万分之二、铜不得超过百万分之二十。

（五）有机氯农药残留量

测定种类包括：六六六（总 BHC）、滴滴涕（总 DDT）、五氯硝基苯（PC-NB）。

按照《中国兽药典》2010 年版二部附录，参照国家标准规定的方法采用气相色谱仪（具电子捕获检测器）进行测定。

六六六（总 BHC）、滴滴涕（总 DDT）——依据中华人民共和国国家标准 GB/T 5009.146—2008 和 GB/T 5009.146—2003，植物类食品中有机氯和拟除虫菊酯类农药多

种残留量的测定

五氯硝基苯（PC-NB）——依据中华人民共和国国家标准 GB/T 5009.136—2003，植物类食品中五氯硝基苯残留量的测定

检验单位：农业部食品质量监督检验测试中心（济南）。

经总结见表4-18。

检测结果显示，所有药材样品的全部检测项目均符合《中国兽药典》2010年版二部有机氯农药残留量的限量标准。

参考《中国兽药典》的规定，本标准确定紫锥菊药材中六六六（总BHC）不得过千万分之二、滴滴涕（总DDT）不得过千万分之二、五氯硝基苯（PC-NB）不得过千万分之一。

表4-18　有机氯农药残留量测定结果（mg/kg）

样品编号	1-24	2-234	12	13
来源	四川青川	安徽桐城	浙江淳安	四川成都
六六六（总BHC）	未检出（<0.001）	未检出（<0.001）	未检出（<0.001）	未检出（<0.001）
滴滴涕（总DDT）	未检出（<0.001）	未检出（<0.001）	未检出（<0.001）	未检出（<0.001）
五氯硝基苯（PC-NB）	未检出（<0.01）	未检出（<0.01）	未检出（<0.01）	未检出（<0.01）

四、浸出物

目前评价紫锥菊免疫调节作用的主要成分集中于紫锥菊多糖、咖啡酸类衍生物、烷基酰胺类三大类成分。本研究采用水溶性浸出物和醇溶性浸出物进行质量检测。其中水溶性浸出物部分可能含有水溶性多糖、糖蛋白、菊苣酸等多酚类成分，醇溶性浸出物部分可能含有烷基酰胺类和咖啡酸类衍生物等。

照《中国兽药典》2010年版二部附录73页浸出物测定法项下进行测定。测定样品粉碎全部通过二号筛，并混合均匀。

水溶性浸出物采用热浸法测定。取供试品约2g，精密称定，置100~250mL的锥形瓶中，精密加入水50mL，密塞，称定重量，静置1h后，连接回流冷凝管，加热至沸腾，并保持微沸1h。放冷后，取下锥形瓶，密塞，再称定重量，用水补足减失的重量，

摇匀，用干燥滤器滤过。精密量取滤液 25mL，置已干燥至恒重的蒸发皿中，在水浴上蒸干后，于 105℃ 干燥 3h，置干燥器中冷却 30min，迅速精密称定重量，以干燥品计算供试品中水溶性浸出物的含量（%）。

醇溶性浸出物采用热浸法测定。按上述水溶性浸出物测定法测定，以 95% 乙醇代替水为溶剂。

分别测定各紫锥菊药材样品，结果见表 4-19。

结果表明，不同部位的紫锥菊药材样品中，水溶性浸出物含量：叶>花、根>茎，醇溶性浸出物含量：叶>根花>茎。叶中两种浸出物含量均为最高，而茎中两种浸出物含量均为最低，其中水溶性浸出物含量最低者仅为 11.20%，醇溶性浸出物含量最低者仅为 1.96%。

因此，紫锥菊药材地上部分应以茎少，叶、花多者为佳。

紫锥菊药材地上部分样品中的水溶性浸出物含量在 12.41%~21.41%，确定紫锥菊药材地上部分中水溶性浸出物不得少于 12.0%。

紫锥菊药材地上部分样品中的醇溶性浸出物含量在 4.47%~6.97%，确定紫锥菊药材地上部分中醇溶性浸出物不得少于 4.5%。

美国对照品 15 号（紫锥菊茎叶）、16 号（紫锥菊根）与国内栽培品药材的水溶性浸出物含量接近；醇溶性浸出物含量略低于国内栽培品药材。

17 号（狭叶紫锥菊根）的水溶性浸出物和醇溶性浸出物含量均略高于国内栽培紫锥菊药材的含量。

表 4-19 紫锥菊浸出物测定结果（$n=3$）

编号	水溶性浸出物含量（%）	RSD（%）	醇溶性浸出物含量（%）	RSD（%）
1-24	12.41±0.125	1.01	6.17±0.064	1.04
2-1	19.70±0.223	1.16	6.82±0.021	0.308
2-2	17.96±0.407	2.27	6.87±0.139	2.03
2-3	32.13±0.341	1.06	10.28±0.257	2.50
2-4	24.65±0.099	0.403	9.34±0.236	2.52
3	21.41±0.275	1.28	6.97±0.003	0.042
4-234	15.46±0.342	2.21	6.14±0.092	1.50
8-234	13.16±0.081	0.613	4.47±0.095	2.13
9-1	26.17±0.181	0.69	6.15±0.143	2.33
9-2	11.20±0.286	2.56	1.96±0.058	2.95

（续表）

编号	水溶性浸出物含量（%）	RSD（%）	醇溶性浸出物含量（%）	RSD（%）
9-3	27.91±0.333	1.19	6.22±0.042	0.668
9-4	17.32±0.353	2.04	4.26±0.054	1.27
12-234	13.49±0.252	1.87	6.12±0.029	0.473
15	16.35±0.068	0.417	4.33±0.020	0.458
16	22.81±0.225	0.987	2.99±0.036	1.21
17	27.96±0.028	1.69	7.17±0.029	0.404

五、含量测定

（一）仪器试剂

Agilent 1100 高效液相色谱仪（配备 G1379A 脱气机，G1311A 四元泵，G1313A 自动进样仪，G1316A 柱温箱，G1315B DAD 二极管阵列检测器，HP HPLC 化学工作站）；Waters-2695 高效液相色谱仪；METTLER TOLEDO AL204 电子天平，KQ-250B 型超声仪（昆山市超声仪器有限公司）；甲醇、乙腈均为进口色谱纯，磷酸（色谱纯，天津市科密欧化学试剂开发中心），水为纯净水。

（二）色谱条件

参照文献，菊苣酸指标成分的含量测定一般采用高效液相色谱法。试验在文献报道色谱条件基础上，对影响指标成分菊苣酸分离度和响应值的主要因素包括流动相及梯度洗脱程序、色谱柱、柱温、流速、检测波长、进样量等进行了考察和优化。

1. 流动相及梯度条件

参照文献，以乙腈-磷酸溶液为流动相，对梯度条件和磷酸浓度（表4-20）进行优化，确定乙腈（A）-0.3%磷酸溶液（B）梯度洗脱，梯度条件：0~10min，90% B；10~11min，84%~90% B；11~17min，83%~84% B；17~25min，77%~83% B；25~30min，77%~90% B 较好。在该条件下，菊苣酸有较好的分离度。

表4-20 梯度优化条件分析过程

洗脱剂	梯度程序
乙腈（A）-0.3%磷酸溶液（B）	0~9min，90% B；9~10min，88%~90% B；10~17min，85%~88% B；17~23min，77%~85% B；25~30min，77%~90% B

（续表）

洗脱剂	梯度程序
乙腈（A）－0.3%磷酸溶液（B）	0~10min，90% B；10~11min，84%~90% B；11~17min，83~84% B；17~20min，80%~83% B；20~30min，80%~90% B
乙腈（A）－0.3%磷酸溶液（B）	0~10min，90% B；10~11min，85%~90% B；11~17min，83%~85% B；17~20min，80%~83% B；20~30min，80%~90% B
乙腈（A）－0.3%磷酸溶液（B）	0~10min，90% B；10~15min，84%~90% B；11~16min，83%~84% B；16~20min，80%~83% B；20~30min，80%~90% B
乙腈（A）－0.3%磷酸溶液（B）	0~10min，90% B；10~11min，84%~90% B；11~17min，83%~84% B；17~25min，77%~83% B；25~30min，77%~90% B
乙腈（A）－0.3%磷酸溶液（B）	0~10min，90% B；10~11min，84%~90% B；11~17min，83%~84% B；17~25min，77%~83% B；25~30min，77%~90% B
乙腈（A）－0.1%磷酸溶液（B）	0~10min，90% B；10~11min，84%~90% B；11~17min，83%~84% B；17~25min，77%~83% B；25~30min，77%~90% B
乙腈（A）－0.5%磷酸溶液（B）	0~10min，90% B；10~11min，84%~90% B；11~17min，83%~84% B；17~25min，77%~83% B；25~30min，77%~90% B

2. 色谱柱、柱温、流速、检测波长、进样量

按照确定的流动相及梯度程序，对其他色谱条件包括色谱柱、柱温、流速、检测波长、进样量等进行了比较，以分离度和菊苣酸色谱峰峰面积为依据，结果显示，Agilent Eclipse XDB-C$_{18}$色谱柱（4.6mm×250mm，5μm），Agilent 保护柱（XDB-C$_{18}$柱芯）较好，菊苣酸色谱峰出峰时间短，峰形较锐，分离度较好；柱温比较了 30℃ 和 35℃，35℃柱温菊苣酸峰形较锐；流速比较了 1.2mL/min 和 1.0mL/min，前者菊苣酸色谱峰出峰时间短，峰形较锐；进样量比较了 10μL 和 15μL，前者菊苣酸色谱峰峰形较锐；检测波长利用 DAD 检测器进行了全波长扫描，观察了 210nm、230nm、254nm、330nm 的色谱图，330nm 出峰较多，菊苣酸分离度较好。

3. 色谱条件

根据（1）和（2）色谱条件的优化，建立了菊苣酸含量测定的色谱条件。

Agilent Eclipse XDB-C$_{18}$色谱柱（4.6mm×250mm，5μm）；Agilent 保护柱（XDB-C$_{18}$柱芯）；柱温 35℃；流速 1.2mL/min；检测波长 330nm；进样量 10μL；流动相为乙腈（A）－0.3%磷酸溶液（B）梯度洗脱。

（三）供试品溶液的制备

为了使供试品溶液的制备方法能够客观反映药材的菊苣酸含量，试验对影响菊苣酸提取的工艺条件进行了系统考察。

1. 提取溶剂

首先考察了单一提取溶剂甲醇、乙醇、水、乙酸乙酯，结果显示，仅甲醇和水作为提取溶剂时，有菊苣酸色谱峰出现，但响应值较小；进一步又考察了不同比例的甲醇：水（7:3、5:5、3:7），结果显示，70%甲醇溶液为提取溶剂时，菊苣酸的峰面积最大。与文献方法（甲醇：0.1%磷酸溶液比例为7:3）比较，确定70%甲醇溶液作为提取溶剂。

2. 提取方法

以70%甲醇溶液作为提取溶剂，考察了常用的超声和回流提取两种提取方法。结果显示，回流提取菊苣酸的峰面积更大，确定回流作为提取方法。

3. 提取时间与次数

以70%甲醇溶液回流提取，考察了不同的提取时间（30min、60min、90min、120min）和提取次数（1次、2次）。结果显示，不同提取时间和次数测得的菊苣酸峰面积相近，确定提取时间为30min，提取次数为1次。

4. 料液比

在70%甲醇溶液回流提取30min，1次，考察了不同的料液比（1:10、1:20、1:30、1:40、1:50）的影响，结果显示，菊苣酸的峰面积依次增大。进一步考察了料液比（1:100、1:150、1:200），结果显示，料液比为1:100，菊苣酸的峰面积最大，料液比为1:150、1:200时，峰面积逐渐减小；继续考察了料液比1:110、1:120、1:130、1:140，结果显示，菊苣酸的峰面积呈逐渐减小趋势。因此，确定料液比为甲醇：水=1:100。

5. 供试品溶液的制备

根据上述提取工艺考察的结果，确定供试品溶液的制备方法为：准确称取粉碎过40目筛的紫锥菊药材0.100g，70%甲醇溶液10mL回流（85℃）提取30min，冷却后以提取溶剂补足减失重量。过滤，取续滤液作为供试品溶液。

（四）对照品溶液的制备

本品含量采用外标标准曲线法测定。为测定方便，方法绘制的标准曲线线性范围较宽。因此，对照品溶液的制备采用先精密称定菊苣酸6.4mg，置50mL容量瓶中，加入溶解性较好的70%甲醇溶液适量，超声溶解，放置至室温，稀释定容至刻度，摇匀，配制成含菊苣酸0.128mg/mL的对照品初溶液。再依次用70%甲醇溶液倍数稀释定容，得到0.064mg/mL、

0.032mg/mL 、0.016mg/mL、0.008mg/mL、0.004mg/mL、0.002 mg/mL、0.001mg/mL 的系列菊苣酸对照品溶液。

（五）系统适应性试验

任意取一批号本品，按供试品溶液制备方法制备供试品溶液，按建立的色谱条件进样分析，记录色谱图，结果理论板数按菊苣酸峰计 $n>100\ 000$，菊苣酸峰与最相邻峰分离度 $R>1.5$。

（六）空白试验

以70%甲醇溶液为阴性对照溶液，分别吸取阴性对照溶液与供试品溶液各 10μL 注入液相色谱仪，记录色谱图。结果证实，阴性对照品的图谱中，在与供试品的图谱中菊苣酸峰位置上无峰出现，表明阴性对照溶液无干扰。

（七）检测限

取菊苣酸对照品溶液适量，用70%甲醇溶液稀释数倍，按建立的色谱条件进样，测得菊苣酸检测限为 12.8μg/mL（S/N＝3）。

（八）线性考察

根据样品的检测线测定结果，考虑到实际生产中含量范围的变化幅度，设计考察了 0.001~0.128mg/mL 菊苣酸对照品的线性情况。将制备的系列对照品溶液进样分析，记录色谱图与峰面积，结果见表4-21。以菊苣酸峰面积（mAU）为横坐标，菊苣酸的浓度（mg/mL）为纵坐标绘制得菊苣酸标准曲线（图4-17）。由表中数据进行线性回归，得到线性回归方程：$Y = 5\times10^{-5}X - 6\times10^{-4}$，$r = 0.9999$。结果表明，菊苣酸含量在 0.001~0.128mg/mL 内线性关系良好。

表 4-21 菊苣酸标准曲线数据

菊苣酸浓度（mg/mL）	菊苣酸峰面积（mAU）	菊苣酸峰面积平均值（mAU）
	2 379.033	
0.128	2 379.976	2 374.251
	2 363.745	

（续表）

菊苣酸浓度（mg/mL）	菊苣酸峰面积（mAU）	菊苣酸峰面积平均值（mAU）
0.064	1 181.226 1 181.528 1 181.638	1 181.464
0.032	613.539 614.609 616.191	614.780
0.016	315.779 314.771 316.077	315.542
0.008	162.405 163.569 163.291	163.088
0.004	84.104 84.487 84.574	84.388
0.002	41.827 41.726 41.734	41.762
0.001	21.790 21.631 21.833	21.751

（九）一般精密度试验

取任意一批次药材（9-234），按供试品溶液制备方法制备供试品溶液，用 Agilent DAD-1100 HPLC 连续进样 5 次，记录色谱图与峰面积，菊苣酸的峰面积平均值为 1 049.091，RSD 为 0.49%（$n=5$）（表 4-22）。

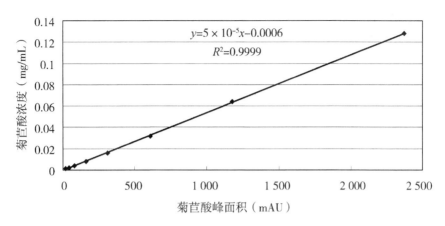

图 4-17 菊苣酸对照品标准曲线

表 4-22 一般精密度试验结果

进样（9-234）次数	菊苣酸峰面积（mAU）
1	1 047.511
2	1 058.139
3	1 045.509
4	1 048.196
5	1 046.101
平均值	1 049.091
标准偏差	5.170
RSD（%）	0.49

（十）重复性试验

取任意一批次药材（9-234），准确称取相同重量，按供试品溶液制备方法平行制备 6 份，进样分析，记录色谱图与峰面积，菊苣酸的峰面积平均值为 1 059.881mAU，RSD 为 2.48%（$n=6$）（表 4-23）。

表 4-23 重复性试验结果

样品编（20070311）号	菊苣酸峰面积（mAU）
1	1 048.196

（续表）

样品编（20070311）号	菊苣酸峰面积（mAU）
2	1 049.359
3	1 027.766
4	1 091.001
5	1 093.050
6	1 049.916
平均值	1 059.881
标准偏差	26.255
RSD（%）	2.48

（十一）日内稳定性试验

取任意一批次药材（9-234），按供试品溶液制备方法制备供试品溶液，分别于 0、2h、4h、6h、8h、10h、12h 吸取 10μL 注入 HPLC 仪，记录色谱图与峰面积，菊苣酸的峰面积平均值为 1 049.493mAU，RSD 为 1.06%（$n=7$）（表4-24）。

表4-24　日内稳定性试验结果

时间（h）	样品编（9-234）号	菊苣酸峰面积（mAU）
0	1	1 047.511
2	1	1 048.196
4	1	1 043.298
6	1	1 040.217
8	1	1 063.161
10	1	1 037.626
12	1	1 066.440
平均值	—	1 049.493
标准偏差	—	11.14206
RSD（%）	—	1.06

（十二）加样回收率（准确度）试验

取任意一批次药材（9-234），加入 0.064mg/mL 的标准品溶液 1mL，按供试品溶液配制方法制备溶液，取 10μL 注入高效液相色谱仪，记录色谱图与峰面积，计算菊苣酸平均回收率和 RSD，结果见表 4-25。菊苣酸的平均回收率为 100.81%，RSD 为 7.43%（$n=6$）。

表 4-25　加样回收率试验结果

菊苣酸峰面积（mAU）	菊苣酸测量值（mg）	菊苣酸加入量（mg）	菊苣酸原含量（mg）	回收率（%）	回收率平均值（%）	RSD（%）
275.252	0.1316	0.0640	0.0595	112.70		
266.455	0.1272	0.0640	0.0595	105.82		
255.714	0.1219	0.0640	0.0595	97.43	100.81	7.43
260.952	0.1245	0.0640	0.0595	101.53		
251.238	0.1196	0.0640	0.0595	93.94		
250.574	0.1193	0.0640	0.0595	93.42		

（十三）样品测定

对国内收集的 12 批药材和一批进口药材，按供试品溶液制备方法配制供试品溶液，按优化的色谱条件进样测定，记录色谱图和峰面积，根据标准曲线计算菊苣酸含量。12 批次样品菊苣酸平均含量为 0.385%。进口药材菊苣酸含量为 2.127%，远高于国内栽培品（表 4-26）。

表 4-26　样品含量测定结果

批号	菊苣酸峰面积（mAU）	峰面积平均值（mAU）	菊苣酸含量（%）
	320.614		
12-234	312.860	320.464	0.154
	327.919		
	178.923		
4-234	172.231	175.457	0.082
	175.218		

（续表）

批号	菊苣酸峰面积（mAU）	峰面积平均值（mAU）	菊苣酸含量（%）
8-234	135.406 133.919 118.081	129.135	0.059
9-234	1 079.524 1 022.873 1 053.634	1 052.010	0.520
2-234	1 497.039 1 499.125 1 560.420	1 518.861	0.753
5-24	150.974 107.710 90.842	116.509	0.052
6-24	96.4045 50.698 53.543	66.882	0.027
4-2	678.352 670.282 681.598	676.744	0.332
2-2	1 029.397 980.303 791.972	933.891	0.461
2-3	2 163.459 2 043.077 2 088.028	2 098.188	1.043
2-1	1 016.880 1 144.559 1 115.299	1 092.246	0.540
2-4	1 157.430 1 239.614 1 229.196	1 208.747	0.598

（续表）

批号	菊苣酸峰面积（mAU）	峰面积平均值（mAU）	菊苣酸含量（%）
进口对照药材	4 270.461		
	4 263.899	4 265.067	2.127
	4 260.840		

六、炮制

根据调查，紫锥菊各地采收时间：北方通常秋季花果期，南方通常在 6—7 月盛花期或秋季花果期采割地上部分。已有的研究表明，紫锥菊老茎中多酚类成分含量较低。在加工方法方面，湖南在采收加工时除去基部的老茎，因过多地带入基部的老茎会影响药材的质量，故拟定采收时"除去老茎"。晒干是传统的中药材加工干燥方法，各地普遍使用。考虑到许多产区位于我国南方，采收加工时间正处于阴雨季节，鉴于本品挥发性成分含量较少，因此可采用低温烘干法（一般不超过 60℃）；或将茎、叶、花序各部位分开后，分别晒干或低温烘干。但经长期大量的研究结果显示，紫锥菊药材采用直接晒干或低温烘干，由于药材中多酚氧化酶的作用，会使菊苣酸含量大幅下降，严重影响药材的质量，因此我们重新开展了紫锥菊药材的采收加工研究，经研究结果显示，采用蒸制+低温烘干的办法可有效减少菊苣酸的损失，具体工艺为：将鲜品切成 5～10cm 小段，将水加热后放入药材蒸制 5～10min，蒸制后尽量将花和粗茎碾碎，80～90℃烘干，烘干过程中多翻动，烘干后打包贮存即可。

七、结论

紫锥菊药材免疫增强药理作用的主要药效成分为多糖、糖蛋白、咖啡酸衍生物和烷基酰胺类。在药材质量标准草案中，除性状、检查等一般项外，理化鉴别和含量测定主要根据紫锥菊的免疫增强有效成分而设计的。理化鉴别的咖啡酸衍生物检出和菊苣酸专属薄层鉴别操作简单，现象明显，重现性良好，专属性强；指纹图谱比较结果显示，在 330nm 波长和 254nm 波长下，5 批引种药材和进口药材无显著差异，与共有模式建立的对照指纹图谱相比较，相似度均大于 0.9，说明国内紫锥菊的 5 个主产地药材化学成分与进口药材基本一致。含量测定以菊苣酸为指标成分，通过色谱条件的优化，建立了理论塔板数高、分离度好的优化色谱条件；通过提取工艺考察，建立了供试品溶液制备方法；经过精密度考察、稳定性考察、重复性考察、加样回收率试验等方法学验证，验证了含量测定方法的准确度和重现性。对 12 批样品的菊苣酸含量测定结果的平均值为 0.358%，为保证药材质量，并考虑到中药材存在地区差异等因素，将草案中含量测定指标确定为：含菊苣酸（$C_{22}H_{18}O_{12}$）不得少于 0.40%。

第七节　紫锥菊药材质量标准草案

紫锥菊

Zizhuiju

HERBAECHINACEAE PURPUREAE

本品为菊科松果菊属植物紫锥菊 *Echinacea purpurea*（L.）Moench. 的干燥地上部分。盛花期或秋季花果期采收，将鲜品切成 5~10cm 小段，将水加热后放入药材蒸制 5~10min，蒸制后尽量将花和粗茎碾碎，80~90℃烘干，烘干过程中多翻动，烘干后打包贮存即可。

【性状】本品茎直立呈圆柱形，直径 0.5~1.2cm，高 80~100cm，表面绿色或褐绿色，具褐紫色条斑及白色糙毛，有纵棱纹，疏生白色倒刺；中部以上具分枝；断面较平坦，皮部呈淡绿色，木部和髓部呈类白色。叶多破碎，完整者展平后呈长卵形或宽披针形，长 3.5~18cm，宽 1.8~6cm，表面紫绿色，被白色硬毛，主脉 3~5 条，边缘具疏齿。头状花序类圆球形或圆锥形，直径 2.2~3cm，褐色或红褐色；总苞盘状，总苞片 4~5 层，棕绿色，披针形至卵状披针形，近草质，外面被毛，中间数层先端外折；花托圆锥形，有托片；舌状花 12~20 朵，暗红褐色或褐色，狭长条形，皱缩；管状花极多，托片龙骨状，长于管状花，先端尖成长刺状；花朵质轻，柔韧。未成熟瘦果倒圆锥形，表面灰白色，具四棱；顶端四棱处呈刺状，中央凹陷；果皮薄，纤维性，内表面灰褐色，易与种子剥离，内有种子 1 粒。气微香，味淡。

【鉴别】

（1）取本品，置显微镜下观察。舌状花碎片棕色或黄棕色，表皮细胞向外呈圆钝毛状或乳头状突起，有的毛状突起脱落而散在。花粉粒无色或淡黄色，球形，直径 24~37μm，外壁具刺状突起及细颗粒状雕纹，萌发孔 3 个。叶上表皮细胞呈不规则多角形，垂周壁微波状弯曲；下表皮细胞不规则形，垂周壁深波状弯曲，气孔不定式，副卫细胞4~5个。多细胞非腺毛常断裂，完整者长圆锥形，3~6个细胞，先端长渐尖，表面具明显的疣状突起。内果皮厚壁纤维成片，表面被棕红色或暗棕色色素物质，未覆盖部分可见细胞壁或1至数个单斜纹孔。石细胞少数，成群或散在，无色，类方形、长条形或不规则形，长16~74μm，直径12~22μm，壁较厚，孔沟细密，胞腔小，内含棕红色物，周围有黑色色素物质包绕。中果皮碎片，细胞长方形或长多角形，细胞壁略增厚，细小纹孔极密集。

（2）称取粉碎过40目筛的本品1.0g，加70%（v/v）甲醇溶液100mL回流提取30min，过滤，滤液真空蒸干。浸膏用适量水溶解，配制成每毫升含提取物0.01g的溶液，作为供试品溶液。取供试品溶液2mL，置试管中，加水2mL，再加入5%三氯化铁溶液2~3滴，溶液呈深绿色。

（3）称取粉碎过40目筛的本品1.0g，加70%（v/v）甲醇溶液100mL回流提取30min，过滤，滤液真空蒸干。浸膏用适量甲醇溶解，配制成每1mL含提取物0.1g的溶液，作为供试品溶液。另取菊苣酸对照品适量，用甲醇配制成1mg/mL溶液，作为对照品溶液。照薄层色谱法试验，吸取供试品和菊苣酸对照品溶液各5μL，分别点于以羧甲基纤维素钠为黏合剂的硅胶GF$_{254}$薄层板上，以乙酸乙酯：甲酸：水（6：0.5：0.5）为展开剂，展开，取出，晾干，置紫外灯（365nm）下检视，供试品色谱中，在与对照品色谱相应的位置上，显相同颜色（亮蓝色）的荧光斑点。

【检查】杂质照杂质检查法测定，不得过3.0%。

水分照水分测定法测定，不得过10.0%。

总灰分不得过10.0%。

酸不溶性灰分不得过2.5%。

【浸出物】照水溶性浸出物测定法项下的热浸法测定，不得少于12.0%。

照醇溶性浸出物测定法项下的热浸法测定，用乙醇为溶剂，不得少于4.5%。

【含量测定】照高效液相色谱法测定。

色谱条件与系统适用性试验以十八烷基键合硅胶为填充剂，乙腈-0.3%磷酸溶液为流动相，检测波长330nm。理论板数按菊苣酸峰计算应不低于100 000，分离度不小于1.5；进样量10μL；流动相为乙腈（A）-0.3%磷酸溶液（B）梯度洗脱，梯度条件：0~10min，90% B；10~11min，84%~90% B；11~17min，83%~84% B；17~25min，77%~83% B；25~30min，77%~90% B。

对照品溶液的制备精密称取菊苣酸对照品 6.4mg，置 50mL 容量瓶中，加 70%甲醇溶液适量，超声溶解，放置至室温，稀释至刻度，摇匀，制备成 0.128mg/mL 的菊苣酸对照品初溶液。对菊苣酸对照品初溶液依次倍数稀释，即得 0.064mg/mL、0.032mg/mL、0.016mg/mL、0.008mg/mL、0.004mg/mL、0.002mg/mL、0.001mg/mL 的系列对照品溶液。

供试品溶液的制备取过 40 目筛的粉碎药材 0.1g，精密称定，至具塞三角瓶中，精密加入 70%甲醇溶液 10mL，称定重量，至水浴（85℃）回流 30min，冷却，用提取溶剂补足重量。静置后过滤，取续滤液作为供试品溶液。

测定法分别依次精密吸取菊苣酸对照品初溶液、系列对照品溶液和供试品溶液各 10μL，注入液相色谱仪，测定即得。

本品含菊苣酸（$C_{22}H_{18}O_{12}$）不得少于 0.40%。

【炮制】除去杂质，先抖下叶，筛净；茎润透，切小段或厚片，干燥后，与叶混匀。

【性味与归经】性甘，苦，微寒；归肺、脾、肝经。

【功能】疏风清热，益气固表，平肝明目。

【主治】主治外感风热，卫表不固，目赤肿痛。

【用法与用量】鸡 0.1~0.3g，连续 10 天。

【贮藏】置通风干燥处。

第八节　紫锥菊多糖提取工艺优化

紫锥菊多糖具有良好的免疫增强作用。研究结果显示，紫锥菊多糖（EPS）100μg 可明显刺激巨噬细胞杀 p815 瘤细胞的活性，其强度与 0.1667μmol/s（10U）巨噬细胞活化因子（MAF）相似。用活化的胸腺增殖法检测发现，EPS 可提高巨噬细胞产生白细胞介素的水平。Luetting 等人证明从紫锥菊中获得的不同浓度的多糖可以刺激巨噬细胞释放肿瘤坏死因子 α（TNF-α）和干扰素 β。Wanger 分离出分子量在 25 000~50 000 甚至更高的多糖组分，粒碳廓清试验显示具有显著的免疫调节功能。从松果菊的汁液制成的制剂，经体内和动物实验证实能够增加粒细胞和巨噬细胞的活性。选择生长期的紫锥菊 Echinacea 植物（具有高含量的活性成分），用乙醇和水提取，得到的提取物中含有紫锥菊酸、紫锥菊烷基酰胺类和紫锥菊多糖类。它能提高哺乳动物免疫系统的活性；提高巨噬细胞的吞噬功能；促进巨噬细胞产生 NO 和 TNF-α；促进脾细胞产生 TNF-α

和 TNF7，为一免疫刺激剂，烷基酰胺是通过抑制 5-脂氧合酶和环氧合酶的活性，从而增加 NK 细胞的数目的。Wagner H 研究了紫锥菊片剂的体内外的免疫药理作用。在体外粒细胞吞噬作用的试验中，紫锥菊根提取物（0.1~1mg/mL）与该细胞共同培养45min 后，使吞噬率增加 33%~47%；CD69 抗原（T-、B-及 NK 细胞被诱变剂激活时表达的早期标志之一）表达实验显示，紫锥菊根提取物浓度为 0.1mg/mL 时，对 T-抑制细胞和 NK 细胞的激活率分别为 80%及 147%。

100μg 的紫锥菊多糖可刺激小鼠 B 淋巴细胞的在增殖，表明可增强小鼠的体液免疫功能。Coeugniet EG 也证实紫锥菊提取物对淋巴细胞刺激作用的产生和转化具有调节作用。研究还发现，Swiss 大鼠注射绵羊红细胞后口服紫锥菊提取物（0.4mg/mL、0.8mL/kg），可增强鼠绵羊红细胞抗体生成细胞反应，说明紫锥菊可用于治疗急性感染，并证明它能潜在增强体液免疫应答和先天免疫反应。紫锥菊制剂能促进辐射所致免疫低下大鼠的 T 淋巴细胞增殖分化，并且发现紫锥菊制剂对 CD4+和 CD8+的作用强于对 T_H 细胞的作用。研究表明，引种紫锥菊提取物能明显提高鸡外周血中法氏囊病毒抗体滴度，以及细胞因子 IL-2 和 TNF-α 含量，并能改善肉鸡的生产性能。

紫锥菊在北美和欧洲作为传统的抗炎药物使用。北美科曼契人用于牙痛，苏联人用于狂犬病、蛇咬伤和脓毒血病症。西方国家用于防治上呼吸道疾病如感冒、流感等，皮肤病如粉刺、疖和创伤，过敏性疾病如气喘，以及喉部疼痛等症。紫锥菊正己烷提取物在近紫外灯光照下不同程度的抑制酿酒酵母、休哈塔假丝酵母、假丝酵母、白假丝酵母的酵母菌株的生长，没有光照的条件下对一般的真菌抑制程度较小。另外紫锥菊能增加精氨酸酶的活性，在 RAW264.7 巨噬细胞中具有抗炎活性，提示其替代巨噬细胞的活性。王顺祥等通过小鼠 S180 抑瘤试验和血清 TNF 含量测定，证明紫锥菊有明显抑制小鼠体内 TNF 产生的作用，推论紫锥菊可具有抗炎、抗过敏的作用。

Binns SE 等发现紫锥菊的提取物对暴露在可见光和紫外光的单纯疱疹 I 型病毒有抑制作用；在 HSV-1 感染前补充紫锥菊多糖，即可发挥其抗病毒的能力，降低HSV-1 感染率，并在 HSV-1 疾病复发的过程中起到抗病毒作用。WHO 草药集收录了 Müller 对咖啡酸衍生物的抗病毒活性的研究，用 125μg/mL 的菊苣酸培育水泡性口膜炎病毒 4h，能够至少减少 50%的小鼠病毒粒子 L-929 的数量。研究发现，多种紫锥菊制剂可以增强白细胞活性，对病毒产生干扰素样作用，其作用机理与免疫刺激及抗透明质酸酶有关。

Barrent 博士指出，迄今为止用标准毒理学评价方法、动物实验均给不出与紫锥菊相关的毒性，有试验用大鼠或小鼠口服或静脉注射最大可用剂量的紫锥菊新鲜汁液，其结果无任何损伤性反应；对饲喂紫锥菊的动物的血液、尿液和器官标本检查也无异常变化。据欧洲药物评审组织（The European Agency for the Evaluation of Medicinal Products, EMEA）在提交的紫锥菊报告中未提到有关生殖毒性、胚胎毒性、致突变毒性的报道。Mengs U 给大鼠和小鼠单次口服或静脉方式吸收紫锥菊的汁液未表现出毒性，大鼠口服相当于人类多倍治疗剂量的紫锥菊连续四周后，实验室试验和尸检结果都没有显示任何有毒性影响的数据。体外致癌研究结果也未见癌变反应。

Parnham 对近十年来公开发表的数十篇紫锥菊临床研究文献进行总结归类后认为，至少有 30 项临床结果显示，紫锥菊是一种相对安全的草药，无明显的剂量依赖性副作用、无超剂量副作用、无禁忌症和药物相互作用，可长期服用。

我们在紫锥菊的毒理学试验研究证实，紫锥菊药材经口给药，对大鼠的 LD_{50} 大于 5g/kg；紫锥菊对 4 种菌株（-S9 和+S9）的平皿掺入试验均得到阴性结果，可见紫锥菊对鼠伤寒沙门氏菌无致突变性试验；紫锥菊连续给药 90 天，紫锥菊各剂量组大鼠观察指标与对照组相比均未发生显著性变化（$p>0.05$）；剖检和组织学观察均未发现异常的病理学变化，未发现紫锥菊药材对大鼠的生长发育产生影响，长期重复应用无亚慢性毒性。未发现紫锥菊原药材对大鼠具有母体毒性、胚胎毒性和致畸作用。整个毒理学试验表明紫锥菊安全无毒。

目前在美国紫锥菊主要用于治疗和预防上呼吸道感染如普通感冒，2004 年紫锥菊预期销量达 1.55 亿美元。全国调查发现，2002 年紫锥菊是最常用的天然药物之一，约 7.6%的成年人在使用，而德国每年医生开出的含紫锥菊的处方达 200 万之多。

鉴于紫锥菊、紫锥菊多糖的良好药理作用和安全性，我们决定开发以紫锥菊多糖为主要活性成分的制剂，以为兽医临床提供安全高效的免疫增强药物。

一、实验材料

（一）材料与试剂

实验所需的材料与试剂见表 4-27。

表 4-27　实验材料与试剂

名称	厂家	规格
紫锥菊	胶州实验田	药材

（续表）

名称	厂家	规格
石油醚	天津市富宇精细化工有限公司	分析纯
重蒸酚	国药集团化学试剂有限公司	分析纯
硫酸	莱阳市康德化工有限公司	分析纯
无水乙醇	莱阳市康德化工有限公司	分析纯
盐酸	莱阳市康德化工有限公司	分析纯
氢氧化钠	莱阳市康德化工有限公司	分析纯
纤维素酶	上海劲马生物科技有限公司	生物试剂
果胶酶	美国 Sanland 公司	生物试剂
蜗牛酶	漳州金田生物科技有限公司	生物试剂
丙酮	莱阳市康德化工有限公司	分析纯
乙醚	天津市津东天正精细化工有限公司	分析纯
D-无水葡萄糖	中国药品生物制品检定所	对照品

（二）仪器与设备

实验所需的仪器与设备见表4-28。

表4-28　实验仪器与设备

名称	厂家	型号
恒温鼓风干燥箱	上海精宏实验用品有限公司	DHG-9146A
电子天平	梅特勒-托利多仪器（上海）有限公司	AL204
电子天平	上海民桥精密科学仪器有限公司	SL302N
高速万能粉碎机	北京市永光明医疗仪器厂	FW-100
数显恒温水浴锅	国华电器有限公司	HH-4
微波催化合成萃取仪	北京祥鹄科技发展有限公司	XH-100A
超声破碎	宁波新芝生物科技股份有限公司	JY92-Ⅱ
pH 计	德国赛多利斯	PB-10
紫外可见分光光度计	上海天美科学仪器有限公司	UV1100
数显旋转蒸发仪	德国 IKA 集团公司	RV10
循环水式多用真空泵	郑州长城科工贸有限公司	SHB-B88

（续表）

名称	厂家	型号
磁力搅拌器	德国 IKA 集团公司	TOPOLINOS25
真空干燥箱	上海博讯实业有限公司医疗设备厂	DZF-6020
喷雾干燥机	上海世远生物设备工程有限公司	SY-6000

二、实验方法

（一）检测方法

紫锥菊多糖提取工艺优化过程中以总糖含量为考察指标，采用硫酸-苯酚法测定多糖提取率或多糖含量以确定最佳工艺路线。

1. 溶液的配制

对照品溶液：将葡萄糖标准品置105℃下干燥至恒重，精密称取10mg于100mL容量瓶中，用蒸馏水溶解定容至刻度，即得质量浓度为100μg/mL的葡萄糖标准储备液。

供试品溶液

①药材提取率待测液配置：精确称取2.00g药材，经过不同方法处理，滤过，滤液最后经浓缩或稀释定容到50mL即得。

②固体多糖含量测定待测液配置：精密称取多糖12.5mg，加蒸馏水溶解定容到50mL即得。

2. 检测波长的选择

精确吸取对照品储备液和样品溶液各1.0mL，加入5%苯酚溶液1.0mL，摇匀，迅速冲入浓硫酸5.0mL，摇匀后室温下放置30min，以蒸馏水做相应处理为空白对照。在250~550nm进行全波长扫描，结果对照品储备液和供试品溶液均在490 nm处有最大吸收。故检测波长选择为490 nm。

3. 标准曲线的绘制

分别吸取对照品储备液0、0.1mL、0.2mL、0.3mL、0.4mL、0.5mL、0.6mL置于7只10mL具塞试管中，依次加入蒸馏水使终体积为1.0mL，各管分别加入5%苯酚溶液1.0mL，摇匀，迅速冲入浓硫酸5.0mL，摇匀后室温下放置30min，于490 nm处测定吸光度。以浓度 C 为横坐标，以吸光度 A 为纵坐标绘制标准曲线，得回归方程 $A = 0.0099C - 0.0106$（$R^2 =$

0.999），在 10~60μg/mL 质量浓度范围内，葡萄糖的质量浓度与吸光度线性关系良好（图 4-18）。

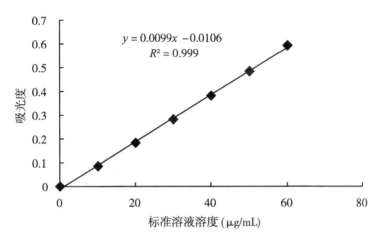

$$y = 0.0099x - 0.0106$$
$$R^2 = 0.999$$

图 4-18　硫酸-苯酚法测定多糖含量的标准曲线

4. 稳定性试验

精密量取同一供试液品 1.0mL，分别于 0、1h、2h、3h、4h，测定吸光度，RSD＝0.63%，表明供试品溶液至少在 4h 内稳定，见表 4-29。

表 4-29　稳定性试验结果

测定时间（h）	吸光度	x̄±SD	RSD（%）
0	0.560		
1	0.557		
2	0.561	0.557±0.0035	0.63
3	0.553		
4	0.554		

5. 精密度试验

精密量取供试液品 1.0mL，测定吸光度，连续测定 6 次，测定吸光度的 RSD＝0.50%，表明该方法精密度良好，见表 4-30。

表 4-30　精密度试验结果

序号	吸光度	x̄±SD	RSD（%）
1	0.561		
2	0.558		
3	0.556	0.559±0.0028	0.50
4	0.562		
5	0.560		
6	0.555		

6. 重复性试验

取同一样品，平行制备 6 份供试品溶液，测定吸光度，测得吸光度的 RSD = 0.77%，表明该方法精密度良好，见表 4-31。

表 4-31　重复性试验结果

序号	吸光度	x̄±SD	RSD（%）
1	0.557		
2	0.551		
3	0.560	0.556±0.0043	0.77
4	0.553		
5	0.562		
6	0.554		

（二）药材的处理及考察

为了测定不同时间紫锥菊多糖含量，针对紫锥菊药材生长过程中的四个时期，即花前期、盛花期、花后期、干枯期（附图 4-20）分别进行研究。由于紫锥菊为 2~3 年上植物，我们对不同采收时期和地上部分不同部位进行分别采样和测定，以进行提取率的考察。

采收不同时期的药材地上部分于 60℃鼓风干燥机中烘干，分出茎、叶、花及地上部分粉碎，过 60 目筛。石油醚脱色处理后，挥干备用。

精密称取 2.0000g 脱色处理过的药材包括茎、叶、花、地上部分，加入 15 倍水，

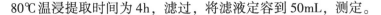

80℃温浸提取时间为 4h，滤过，将滤液定容到 50mL，测定。

以多糖提取率为考察指标，优化紫锥菊多糖的提取工艺。

以多糖含量为考察指标，测定多糖粉的含量。

（三）温浸提取

参照供试品溶液①中的方法，采用温浸提取制备供试品溶液，并进行含量测定，以计算紫锥菊多糖提取率。

1. 温浸提取单因素实验

根据参考文献，影响温浸提取过程中多糖提取率的因素有料液比［药材质量与提取溶剂体积的比值（g/mL）］、提取温度、提取时间、提取次数、pH 值等。本部分实验以多糖提取率为考察指标，通过改变单一因素，控制其他因素的方式，考察温浸提取过程中料液比、提取温度、提取时间、提取次数 4 个因素对紫锥菊多糖提取率的影响。对以上 4 个因素分别设置 4 个水平进行单因素考察试验，试验因素及水平设定见表 4-32。

表 4-32 温浸提取因素水平表

水平	料液比	提取温度（℃）	提取时间（h）	提取次数
1	1∶10	50	1	1
2	1∶15	60	2	2
3	1∶20	70	3	3
4	1∶25	80	4	4

（1）控制提取温度为 80℃，提取时间为 2h，提取次数为 1 次，分别测定料液比为 1∶10、1∶15、1∶20、1∶25 条件下紫锥菊多糖的提取率，确定最佳提取料液比。

（2）控制（1）中确定的最佳料液比、提取时间为 2h，提取次数为 1 次，分别测定提取温度为 50℃、60℃、70℃、80℃条件下紫锥菊多糖的提取率，确定最佳提取温度。

（3）控制（1）、（2）中所确定的最佳条件及提取次数为 1 次，分别测定提取时间为 1h、2h、3h、4h 条件下紫锥菊多糖的提取率，确定最佳提取次数。

（4）控制（1）、（2）、（3）中确定的最佳条件，分别测定提取时间为 1 次、2 次、3 次、4 次条件下紫锥菊多糖的提取率，确定最佳提取次数。

2. 温浸提取正交试验设计

在单因素试验筛选出最佳试验条件的基础上，对各因素设置 3 个水平，采用 $L_9(3^4)$ 进行正交试验，以紫锥菊多糖的提取率为指标对温浸提取工艺进行优化。

（四）微波提取

参照供试品溶液①中的方法，采用微波提取制备供试品溶液，并进行含量测定，以计算紫锥菊多糖提取率。

1. 微波提取单因素试验

根据参考文献，影响微波提取过程中多糖提取率的因素有料液比、微波提取温度、微波提取时间、微波功率、微波中提取液的 pH 值及渗透压等。通过预实验，发现影响紫锥菊多糖提取率的主要因素是料液比、微波功率、微波提取时间、微波温度等。本部分实验以多糖提取率为考察指标，通过改变单一因素，控制其他因素的方式，考察微波提取过程中料液比、微波功率、微波提取时间、微波温度对紫锥菊多糖提取率的影响。对以上 4 个因素分别设置 4 个水平进行单因素考察试验，试验因素及水平设定见表4-33。

表4-33　微波提取因素水平表

水平	料液比	微波功率（W）	微波提取时间（min）	微波提取温度（℃）
1	1∶10	200	2	50
2	1∶15	400	4	60
3	1∶20	600	6	70
4	1∶25	800	8	80

（1）控制微波功率为600W，提取时间为4min，提取温度为80℃，分别测定料液比为1∶10、1∶15、1∶20、1∶25条件下紫锥菊多糖的提取率，确定最佳提取料液比。

（2）控制（1）中确定的最佳料液比、提取时间为4min，提取温度为80℃，分别测定微波功率为200W、400W、600W、800W条件下紫锥菊多糖的提取率，确定最佳微波提取功率。

（3）控制（1）、（2）中确定的最佳条件及提取温度为80℃，分别测定微波处理时间为2min、4min、6min、8min条件下紫锥菊多糖的提取率，确定最佳提取次数。

（4）控制（1）、（2）、（3）中确定的最佳条件，分别测定微波提取时间为50℃、60℃、70℃、80℃条件下紫锥菊多糖的提取率，以确定最佳微波提取温度。

2. 微波提取正交试验设计

在单因素试验筛选出最佳试验条件的基础上，对各因素设置3个水平，采用$L_9(3^4)$进行正交试验，以紫锥菊多糖的提取率为指标对微波提取工艺进行优化。

（五）超声提取

参照供试品溶液①中的方法，采用超声提取制备供试品溶液，并进行含量测定，以计算紫锥菊多糖提取率。

1. 超声提取单因素试验

根据参考文献，影响超声提取过程中多糖提取率的因素有料液比、药材的粒度、提取温度、超声功率、超声时间、提取次数等。本部分实验以多糖提取率为考察指标，通过改变单一因素，控制其他因素的方式，考察超声提取过程中料液比、超声功率、超声提取时间、超声提取次数对紫锥菊多糖提取率的影响。对以上4个因素分别设置4个水平进行单因素考察试验，试验因素及水平设定见表4-34。

表4-34 超声提取因素水平表

水平	料液比	超声功率（W）	超声提取时间（min）	超声提取次数
1	1：10	100	5	1
2	1：15	200	10	2
3	1：20	400	15	3
4	1：25	600	20	4

（1）控制超声功率为600W，超声提取时间为10min，提取次数为1次，分别测定料液比为1：10、1：15、1：20、1：25条件下紫锥菊多糖的提取率，确定最佳提取料液比。

（2）控制（1）中确定的最佳料液比，提取时间为10min，提取次数为1次，分别测定提取功率为100W、200W、400W、600W条件下紫锥菊多糖的提取率，确定最佳提取功率。

（3）控制（1）、（2）中确定的最佳料液比、最佳功率及提取次数为 1 次，分别测定超声提取时间为 5min、10min、15min、20min 条件下紫锥菊多糖的提取率，确定最佳超声提取时间。

（4）控制（1）、（2）、（3）中确定的最佳条件，分别测定提取时间为 1 次、2 次、3 次、4 次条件下紫锥菊多糖的提取率，以确定最佳超声提取次数。

2. 超声提取正交试验设计

在单因素试验筛选出最佳条件的基础上，对各因素设置 3 个水平，采用 $L_9(3^4)$ 进行正交试验，以紫锥菊多糖的提取率为指标对超声提取工艺进行优化。

（六）酶提法

参照供试品溶液①中的方法，精确称取 2.00g 紫锥菊药材，最适酶解条件酶解，高温灭活酶，80℃继续提取 1h，滤过，滤液最后经浓缩或稀释定容到 50mL，并进行含量测定，以计算紫锥菊多糖提取率。

1. 酶种类的选择

在料液比 1:15，温度 40℃，酶用量 2%，pH 值 5.0 条件下提取，分别对未加酶及加入活化的纤维素酶、果胶酶、蜗牛酶的提取率进行比较，筛选出紫锥菊多糖的最适酶种类。

2. 酶提法单因素试验

根据筛选出的最适酶种类，进行单因素实验。根据参考文献，影响酶法提取过程中多糖提取率的因素有酶解温度、酶用量、酶解时间、料液比、pH 值，其中影响较大的有酶解温度、酶用量、酶解时间、pH 值。本部分实验固定料液比 1:15，以多糖提取率为考察指标，通过改变单一因素，控制其他因素的方式，考察酶法提取过程中酶解温度、pH 值、酶用量、酶解时间对紫锥菊多糖提取率的影响。对以上 4 个因素分别设置 5 个水平进行单因素考察试验，试验因素及水平设定见表 4-35。

表 4-35　酶提法因素水平

水平	酶解温度（℃）	pH 值	酶用量（%）	酶解时间（min）
1	30	2	3	30
2	40	3	4	45
3	50	4	5	60

（续表）

水平	酶解温度（℃）	pH 值	酶用量（%）	酶解时间（min）
4	60	5	6	120
5	70	6	7	180

（1）控制酶用量 2%，pH 值 4.0，酶解 1h，分别测定酶解温度为 30℃、40℃、50℃、60℃、70℃条件下紫锥菊多糖的提取率，确定最适酶解温度。

（2）控制（1）中确定的最适酶解温度，酶用量 2%，酶解 1h，分别测定 pH 值为 2、3、4、5、6 条件下紫锥菊多糖的提取率，确定最适 pH 值。

（3）控制（1）、（2）中确定的最适酶解温度、最适 pH 值及酶解 1h，分别测定酶用量为 3%、4%、5%、6%、7%条件下紫锥菊多糖的提取率，确定最佳酶用量。

（4）控制（1）、（2）、（3）中确定的最佳条件，分别测定酶解时间为 30min、45min、60min、120min、180min 条件下紫锥菊多糖的提取率，确定酶解时间。

3. 酶提法正交试验设计

在单因素试验筛选出最佳条件的基础上，对各因素设置 3 个水平，采用 L_9（3^4）进行正交试验，以紫锥菊多糖的提取率为指标对酶法提取工艺进行优化。

（七）工艺对比及放大试验

对得到的 4 种提取方法的优化条件分别进行试验，比较 4 种方法的提取率，以确定最终提取工艺。对最佳工艺进行 10 倍放大，看工艺的稳定性和可行性。

（八）醇沉工艺优化

多糖醇沉的原理是通过向多糖的溶液中加入醇来降低水溶液的介电常数，从而导致多糖脱水沉淀下来。该方法几乎适用于所有水溶性多糖。影响醇沉效果的因素有乙醇浓度、药液浓缩比例（原药材的重量与滤液浓缩后体积的比例）、搅拌时间、醇沉温度、静置温度、醇沉时间、醇沉次数等。醇沉工艺是多糖研究中的一个重要方面，诸多人对多糖的醇沉工艺进行了研究。

多糖含量是控制多糖质量的一个重要指标，本部分实验是在获得最优提取方法以使多糖充分提取到溶剂中后，通过醇沉的方法得到紫锥菊多糖含量最高的粗多糖。通过预实验，发现药液浓缩比例、乙醇浓度、搅拌时间、醇沉时间对紫锥菊多糖醇沉过程影响较大。因此，以多糖含量为指标，对药液浓缩比例、乙醇终浓度、搅拌时间、醇沉时间设计 L_9（3^4）正交试验，来优化醇沉条件。试验因素及水平设定见表4-36。

表4-36 紫锥菊多糖醇沉工艺因素水平表

水平	A 浓缩比例	B 乙醇终浓度（%）	C 搅拌时间（min）	D 醇沉时间（h）
1	1:1	60%	5	6
2	1:2	70%	10	9
3	1:3	80%	15	12

称取 180g 紫锥菊药材，根据优化的最佳工艺进行提取，过滤，滤液旋蒸浓缩至 540mL，平均分成2份。其中1份再平均分成3份，为浓缩比例1:3的溶液，按正交设计条件进行试验。另1份继续浓缩至240mL，在平均分成2份，其中1份再平均分成3份，为浓缩比例1:2的溶液，按正交设计条件进行试验。剩余的1份继续浓缩至60mL，再平均分成3份，为浓缩比例1:1的溶液，按正交设计条件进行试验。醇沉后，抽滤，沉淀依次用无水乙醇、丙酮、乙醚洗涤，即得紫锥菊粗多糖。

（九）干燥方法的选择

目前，干燥的方式有很多种，包括自然晾干、恒温鼓风干燥、真空干燥、真空冷冻干燥、微波真空干燥等。多糖的干燥方式也不尽相同。梁婷婷等在太子参多糖的水提醇沉工艺中采用了冷冻干燥；葛文漪等在选六月青多糖胶囊提取中采用了真空干燥；蔡良平等研究了黄芪多糖的喷雾干燥工艺。本研究考察了恒温鼓风干燥、真空干燥、喷雾干燥对紫锥菊多糖外观、溶解性的影响，选择出合适的干燥方法。

称取 180g 紫锥菊药材，根据优化的最佳工艺进行提取，将通过最佳醇沉工艺得到多糖平均分成三份。1份50℃恒温鼓风干燥，1份50℃真空干燥，1份用水复溶后喷雾干燥，进风温度155℃。

三、结果与分析

（一）药材的处理及考察

不同生长时期和地上部分不同部位多糖提取率的测定结果见图4-19。

由图4-19可知，在紫锥菊生长过程中花前期、盛花期、花后期、干枯期的几个过

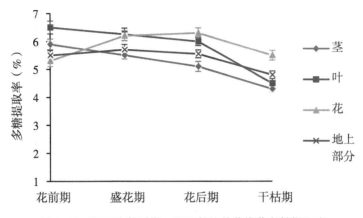

图 4-19 不同生长时期、不同部位的紫锥菊多糖提取率

程中，紫锥菊不同部位的总糖是随之变化的。茎和叶中多糖的含量随着生长期的延续一直降低，花和地上部分随着生长期的延续多糖含量先增加后降低，在盛花期和花后期含量较高。原因可能是在苗期和花前期，茎和叶占植株的主要部分，积累的能量也主要分布在茎和叶中，当花逐渐生长时，能量开始逐渐的转向花，并在花中累积；由于后期随着紫锥菊植株的干枯变老，各部位的多糖含量都明显下降。其中茎和叶在盛花期和花后期之间多糖含量下降不多，原因可能是在这段时间内茎和叶的水分含量有所降低。在花后期和干枯期之间，各部位多糖含量下降较明显，其原因可能是这段时间紫锥菊地上部分有些腐化，影响了多糖含量。

通过以上结果分析，选择盛花期到花后期之间的药材进行采收；虽然茎、叶、花中多糖含量有差异，但考虑到药材的利用率，选择地上部分作为实验药材。

（二）温浸提取

1. 料液比对温浸提取中多糖提取率的影响

在温度 80℃、提取时间 2h、提取 1 次的条件下，料液比对温浸提取过程中紫锥菊多糖提取率的影响见图 4-20。

由图 4-20 可见，料液比为（1∶10）～（1∶20），多糖提取率呈增加的趋势；料液比为 1∶20 时为转折点，提取率最高为 6.70%；继续增大料液比多糖提取率反而略有减小。原因是当料液比较小时，溶液黏度较大，不利于多糖的溶出，增大料液比使溶剂与浸提物的接触更充分，利于多糖的溶出，能在其他条件相同的情况下，

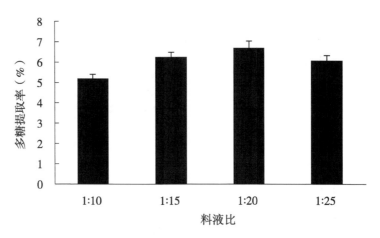

图4-20　料液比对温浸提取过程中多糖提取率的影响

提取更多的多糖；但随着多糖的不断溶出，多糖的溶解达到饱和后，继续增大料液比不能提高提取率。而且，料液比过大，会导致后续的浓缩等步骤烦琐，增加成本和工作难度，故料液比不宜过大。因此，初步选择多糖提取率最高的液料比1：20，进行下一步试验。

2. 提取温度对温浸提取中多糖提取率的影响

在料液比1：15、提取时间2h、提取1次的条件下，提取温度对温浸提取过程中紫锥菊多糖提取率的影响见图4-21。

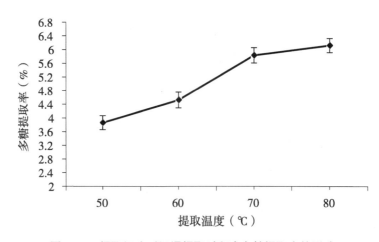

图4-21　提取温度对温浸提取过程中多糖提取率的影响

由图4-21可见，在50~80℃多糖提取率随温度升高增大较明显，温度为50℃时提取率仅为3.86%；温度为80℃时，多糖提取率可高达6.14%，是50℃的1.59倍。原因是温度的升高会加速分子热运动，从而促进溶质与溶剂间的扩散作用，有利于多糖的溶出，故能显著提高多糖提取率。因此，初步选择提取率最高的80℃，进行下一步试验。

3. 提取时间对温浸提取中多糖提取率的影响

在料液比1∶15、温度80℃、提取1次的条件下，提取时间对温浸提取过程中紫锥菊多糖提取率的影响见图4-22。

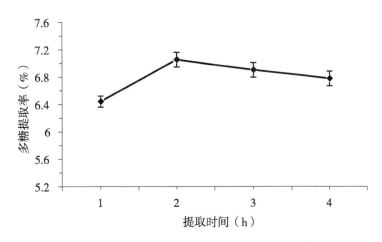

图4-22 提取时间对温浸提取过程中多糖提取率的影响

由图4-22可见，紫锥菊多糖提取率在提取时间2h时（7.05%）明显高于1h时（6.44%），而时间超过2h后再增大时间对多糖提取率影响不大，最佳提取时间为2h。原因是浸提初期，在浓度差的作用下，随着浸提时间的增加多糖不断溶出，提取率也随之提高；到达一定时间浸提溶液中多糖到达饱和，再增加时间提取率变化不大。因此，初步选择提取时间为2h，进行下一步试验。

4. 提取次数对温浸提取中多糖提取率的影响

在料液比1∶15、温度80℃、提取时间2h的条件下，提取次数对温浸提取过程中紫锥菊多糖提取率的影响见图4-22。

由图4-23可见，当提取次数超过2次时，多糖提取率增加不大，原因是大部分多糖已经溶出。提取次数超过3次反而减低，原因是随着步骤的增加过程中所带来的损失也增大。考虑节省能源和减低后期工作难度，因此，初步选择提取次数为2次，进行下一步试验。

5. 温浸提取正交设计

由单因素实验的结果可见，料液比、提取温度、提取时间、提取次数都影响紫锥菊

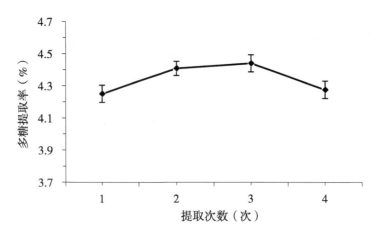

图4-23 提取次数对温浸提取过程中多糖提取率的影响

多糖的提取率。因此，根据以上4个因素的最佳单因素条件，设计 $L_9(3^4)$ 正交试验，来进一步优化温浸提取工艺。正交设计的因素水平和正交试验结果分析如下（表4-37、表4-38）。

表4-37 紫锥菊多糖温浸提取正交试验设计因素水平表

水平	A 料液比	B 温度（℃）	C 提取时间（h）	D 提取次数
1	1：15	75	1.5	1
2	1：20	80	2	2
3	1：25	85	2.5	3

表4-38 紫锥菊多糖温浸提取正交试验结果与分析

序号	A 料液比	B 温度（℃）	C 提取时间（h）	D 提取次数	提取率（%）
1	1	1	1	1	5.13
2	1	2	2	2	6.86
3	1	3	3	3	7.14
4	2	1	2	3	7.01
5	2	2	3	1	6.98
6	2	3	1	2	7.44

（续表）

序号	A 料液比	B 温度（℃）	C 提取时间（h）	D 提取次数	提取率（%）
7	3	1	3	2	7.16
8	3	2	1	3	6.34
9	3	3	2	1	5.05
k1	6.337	6.433	6.303	5.720	
k2	7.143	6.727	6.307	7.153	
k3	6.183	6.543	7.093	6.830	
R	0.960	0.294	0.790	1.433	

　　根据正交试验结果，通过直观分析和极差分析，可知在紫锥菊多糖温浸提取过程中，4 个因素对提取率的影响顺序为 D 提取次数>A 料液比>C 提取时间>B 温度。最佳温浸提取工艺是 $A_2B_2C_3D_2$，即料液比为 1∶20，温度为 80℃，提取时间为 2.5h，提取次数为 2 次。

（三）微波提取

　　1. 料液比对微波提取中紫锥菊多糖提取率的影响

　　在微波功率 600W、微波时间 4min、微波温度 80℃的条件下，料液比对微波提取过程中紫锥菊多糖提取率的影响见图 4-24。

　　由图 4-24 可见，料液比小于 1∶20 时，多糖提取率随料液比增大而增大；当料液比为 1∶20 时，提取率最高为 7.04%；当料液比超过 1∶20 时，多糖提取率反而减小。原因是起初随着加水量的增加，紫锥菊多糖和水之间的浓度差增大，在微波的作用下，多糖的溶出量增加。但当料液比超过一定的范围时，可能影响微波的热效应的速度，影响溶液到达适宜的温度，不利于多糖在微波作用下的溶出。因此，综合考虑提取率和能耗问题，初步选择多糖提取率最高的液料比 1∶20，进行下一步试验。

　　2. 功率对微波提取中紫锥菊多糖提取率的影响

　　在料液比 1∶20、微波时间 4min、微波温度 80℃的条件下，功率对微波提取过程中紫锥菊多糖提取率的影响见图 4-25。

　　由图 4-25 可见，功率为 200~600W，紫锥菊多糖的提取率呈增加趋势，但是当功

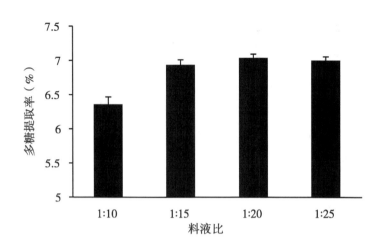

图4-24　料液比对微波提取中紫锥菊多糖提取率的影响

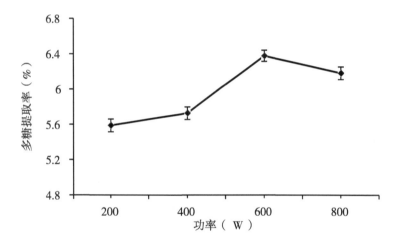

图4-25　功率对微波提取中紫锥菊多糖提取率的影响

率超过600W后，多糖的提取率呈下降趋势，功率为600W时提取率最高为6.37%。原因可能是开始随着功率的增加，微波的热效应加速提取物细胞结构的变化，同时热效应使提取溶剂迅速升温，加速多糖向溶剂中扩散；但是当功率过大时，可能使局部温度过高，破坏多糖的结构，导致多糖提取率下降；同时提取液的黏稠度增大，不利于多糖的溶出。因此，初步选择多糖提取率最高的微波功率600W，进行下一步试验。

3. 提取时间对微波提取过程中紫锥菊多糖提取率的影响

在料液比1∶20、微波功率600W、微波温度80℃的条件下，提取时间对微波提取过程中紫锥菊多糖提取率的影响见图4-26。

由图4-26可见，微波时间在4min时是紫锥菊多糖提取率的转折点，4min以前，

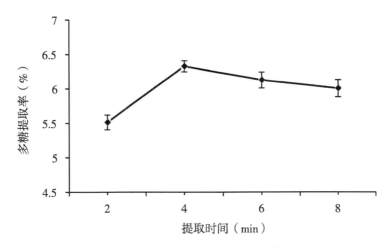

图 4-26 提取时间对微波提取过程中多糖提取率的影响

紫锥菊多糖的提取率随时间明显提高，由 5.51% 增加到 6.33%；4min 以后，继续延长微波提取时间，多糖的提取率没有随着提高反而呈下降的趋势。原因可能是起初随微波时间的延长，多糖在微波的作用下不断溶出到溶液中，到达一定时间后，多糖基本完全溶出，如果继续增加时间反而会因多糖结构遭到破坏；同时随微波时间的增加，非目标成分的溶出也增加，通过影响溶液的黏稠度影响多糖的溶出，而导致使多糖的提取率下降。因此，初步选择多糖提取率最高的微波提取时间 4min，进行下一步试验。

4. 温度对微波提取过程中紫锥菊多糖提取率的影响

在料液比 1∶20、微波功率 600W、微波时间 4min 的条件下，温度对微波提取过程中紫锥菊多糖提取率的影响见图 4-27。

由图 4-27 可见，微波温度小于 70℃ 时，紫锥菊多糖的提取率呈增加的趋势；微波温度为 70℃ 时，提取率为 6.23%，是转折点；当温度大于 70℃ 时，多糖的提取率呈降低的趋势。原因可能是温度的升高，加速分子间的热运动，使多糖不断地快速溶出，但到达一定时间后，温度过高加之微波作用会导致多糖结构的变化甚至破坏，因此，多糖的提取率反而下降。因此，初步选择多糖提取率最高的微波温度 70℃，进行下一步试验。

5. 微波提取正交实验设计

由单因素实验的结果可见，料液比、微波功率、微波提取时间、微波温度都影响紫锥菊多糖的提取率。因此，根据以上 4 个因素的最佳单因素条件，设计 $L_9(3^4)$ 正交试验，来进一步优化微波提取工艺。正交设计的因素水平和正交试验结果分析如下

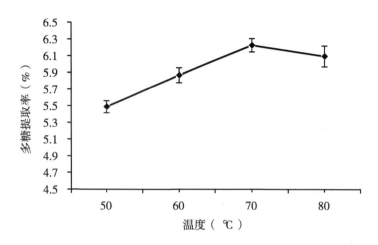

图 4-27　温度对微波提取过程中多糖提取率的影响

（表 4-39、表 4-40）。

表 4-39　紫锥菊多糖微波提取正交试验设计因素水平

水平	料液比	微波功率（W）	微波提取时间（min）	微波提取温度（℃）
1	1∶15	500	3	60
2	1∶20	600	4	70
3	1∶25	700	5	80

表 4-40　紫锥菊多糖微波提取正交试验结果与分析

序号	料液比	微波功率（W）	微波提取时间（min）	微波温度（℃）	提取率（%）
1	1	1	1	1	7.17
2	1	2	2	2	7.10
3	1	3	3	3	6.45
4	2	1	2	3	6.50
5	2	2	3	1	7.00
6	2	3	1	2	7.19
7	3	1	3	2	6.79
8	3	2	1	3	7.07
9	3	3	2	1	6.95
k_1	6.907	6.820	7.143	7.040	
k_2	6.897	7.057	6.850	7.027	

（续表）

序号	料液比	微波功率（W）	微波提取时间（min）	微波温度（℃）	提取率（%）
k_3	6.937	6.863	6.747	6.673	
R	0.040	0.237	0.396	0.367	

根据正交试验结果，通过直观分析和极差分析，可知在紫锥菊多糖微波提取过程中，4 个因素对提取率的影响顺序为 C 微波提取时间>D 微波温度>B 微波功率>A 料液比。通过分析最佳温浸提取工艺是 $A_3B_2C_1D_1$，但是料液比在微波提取中影响最小，为节约能耗，减少后续的工作量，选择料液比为 1:15，最终最优的微波提取工艺为：料液比为 1:15，微波功率为 600W，微波提取时间为 3min，微波温度为 60℃。

（四）超声提取

1. 料液比对超声提取过程中紫锥菊多糖提取率的影响

在超声功率 600W、超声时间 10min、超声提取 1 次的条件下，料液比对超声提取过程中紫锥菊多糖提取率的影响见图 4-28。

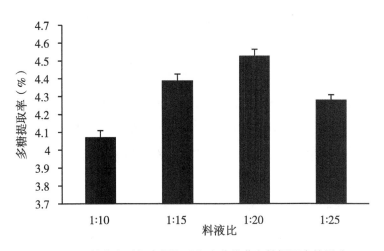

图 4-28 料液比对超声提取过程中紫锥菊多糖提取率的影响

由图 4-28 可见，料液比为（1:10）～（1:20），多糖提取率随料液比增大而增大；料液比为 1:20 时，提取率最高为 4.53%；料液比超过 1:20 时，多糖提取率反而减小。原因是起初随着加水量的增加，紫锥菊多糖和水之间的浓度差增大，在超声的作用下，多糖的溶出量增加；但当料液比超过一定的范围时，料液比太大，超声作用不充分。因此，初步选择多糖提取率最高的液料比1：20，进行下一步试验。

2. 超声功率对超声提取中紫锥菊多糖提取率的影响

在料液比1：20、超声时间10min、超声提取1次的条件下，功率对超声提取过程中紫锥菊多糖提取率的影响见图4-29。

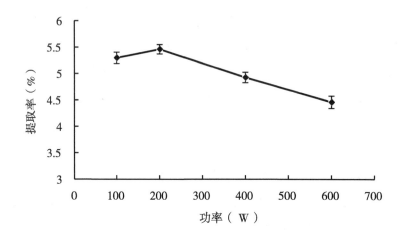

图4-29　功率对超声提取中紫锥菊多糖提取率

由图4-29可见，超声波功率小于200W时，多糖提取率随着功率的增大而提高；微波功率为200W时，紫锥菊多糖的提取率最高为5.46%；功率大于200W时，多糖提取率随功率的增大反而降低。原因是起初随功率的增大，"空化"作用也随之加强，这种作用会导致提取物细胞产生破壁现象，使溶剂和胞内多糖能更容易的渗透过细胞壁；当超声功率超过200W，超声功率的增大使提取溶剂在超声场中流动速度不断加快，减少了物料间相互作用的停留时间，减少了多糖的溶解时间。因此，初步选择多糖提取率最高的超声功率200W，进行下一步试验。

3. 超声时间对超声提取中紫锥菊多糖提取率的影响

在料液比1：20、超声功率200W、超声提取1次的条件下，超声时间对超声提取过程中紫锥菊多糖提取率的影响见图4-30。

由图4-30可见，超声时间为5~15min，多糖提取率不断提高，由5min的4.82%提高到15min的5.55%（此时提取率最高）；超声时间大于15min后，提取率反而下降，20min时提取率为5.06%。原因是开始时提取液与胞内存在的浓度差大，随着时间的延长，溶出多糖不断积累，同时超声时间的延长也会使溶液温度升高，加剧分子间运动，

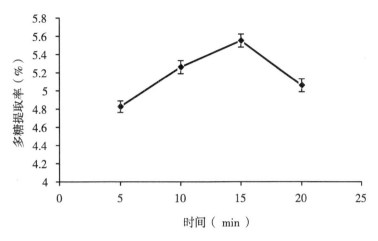

图4-30 超声时间对超声提取中紫锥菊多糖提取率的影响

提取率提高；但是超声时间过长导致的温度过高以及长时间的超声波剪切作用可能使多糖糖链断裂，这种结构上的变化或者被破坏会影响多糖的提取率，所以，出现了提取率下降的现象。因此，初步选择多糖提取率最高的超声时间15min，进行下一步试验。

4. 超声提取次数对超声提取中紫锥菊多糖提取率的影响

在料液比1∶20、超声功率200W、超声时间15min的条件下，超声提取次数对超声提取过程中紫锥菊多糖提取率的影响见图4-31。

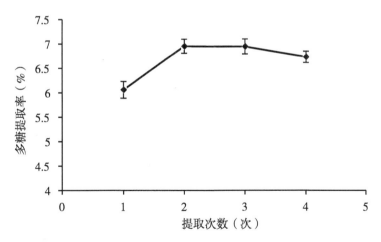

图4-31 超声提取次数对超声提取中紫锥菊多糖提取率的影响

由图4-31可见，超声次数为2次时（6.95%）紫锥菊多糖提取率明显高于1次（6.06%）时，超声次数为3次、4次时，多糖提取率分别为6.95%、6.73%，可见超声超过2次后多糖的提取率基本不变。因此，从节约能源和降低成本的角度，初步选择提取次数为 2 次，进行下一步试验。

5. 超声提取正交试验

由单因素实验的结果可见，料液比、超声功率、超声提取时间、超声提取次数都影响紫锥菊多糖的提取率。因此，根据以上 4 个因素的最佳单因素条件，设计 L_9 (3^4) 正交试验，来进一步优化超声提取工艺。正交设计的因素水平和正交试验结果分析如下（表 4-41、表 4-42）。

表 4-41　紫锥菊多糖超声提取正交试验设计因素水平表

水平	A 料液比	B 超声功率（W）	C 超声提取时间（min）	D 提取次数（次）
1	1：15	100	10	1
2	1：20	200	15	2
3	1：25	300	20	3

表 4-42　紫锥菊多糖超声提取正交试验结果与分析

序号	液料比	超声功率（W）	提取时间（min）	提取次数	提取率（%）
1	1	1	1	1	4.98
2	1	2	2	2	6.98
3	1	3	3	3	7.51
4	2	1	2	3	5.63
5	2	2	3	1	4.7
6	2	3	1	2	6.57
7	3	1	3	2	6.54
8	3	2	1	3	6
9	3	3	2	1	4.21
k_1	6.490	5.717	5.850	4.630	
k_2	5.633	5.893	5.607	6.697	
k_3	5.583	6.097	6.250	6.380	
R	0.907	0.380	0.643	2.067	

根据正交试验结果，通过直观分析和极差分析，可知在紫锥菊多糖超声提取过程中，4 个因素对提取率的影响顺序为 D 超声提取次数>A 料液比>C 超声时间>B 超声功

率。根据分析最佳温浸提取工艺是 $A_1B_3C_3D_2$，即料液比为 1 : 15，功率为 300W，提取时间为 20min，超声提取 2 次。

（五）酶提法

1. 酶种类的筛选

在其他条件相同的情况下，未加酶、加入蜗牛酶、纤维素酶、果胶酶的多糖提取率分别为 7.11%、7.61%、8.25%、8.20%。纤维素酶、果胶酶的提取率相对较高，报道称紫锥菊叶中含有较多细胞纤维；果胶酶可以破坏细胞的完整结构，在多糖的制备过程中还能起到降黏的作用，因此，果胶酶在多糖的提取过程中应用较多。故选择果胶酶进行酶提法的优化。

2. 酶解温度对酶提法中紫锥菊多糖提取率的影响

在料液比 1 : 15、酶用量 2%、pH 值 4.0、酶解 1h 的条件下，酶解温度对酶法提取过程中紫锥菊多糖提取率的影响见图 4-32。

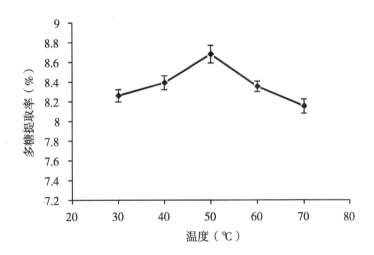

图 4-32　酶解温度对酶提法中紫锥菊多糖提取率的影响

由图 4-32 可见，酶解温度为 30~50℃，多糖的提取率随着温度的升高呈增大的趋势；温度为 50℃时，提取率最高为 8.68%；温度大于 50℃时，提取率随温度的增加呈降低的趋势。原因是在 30~50℃，温度的升高加速了分子间的运动，同时酶的活性提高；温度超过 50℃时，酶活性的降低导致多糖提取率的下降。因此，初步选择多糖提取率最高的酶解温度 50℃，进行下一步试验。

3. pH 值对酶提法中紫锥菊多糖提取率的影响

在料液比 1：15、酶解温度 50℃、酶用量 2%、酶解 1h 的条件下，pH 值对酶法提取过程中紫锥菊多糖提取率的影响见图 4-33。

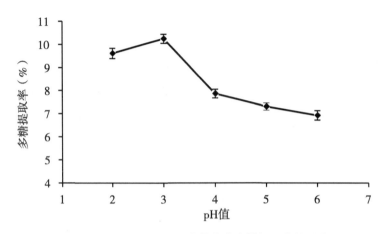

图 4-33　pH 值对酶提法中紫锥菊多糖提取率的影响

由图 4-33 可见，pH 值为 2~3，多糖的提取率是随 pH 值的增大而提高；pH 值为 3.0 时，提取率最大为 10.25%；pH 值大于 3 后，多糖提取率下降。原因是 pH 值通过影响酶的活性而影响提取率，pH 值 3.0 为果胶酶的最适 pH 值。因此，初步选择多糖提取率最高的 pH 值 3.0，进行下一步试验。

4. 酶用量对酶提法中紫锥菊多糖提取率的影响

在料液比 1：15、酶解温度 50℃、pH 值 3.0、酶解 1h 的条件下，酶用量对酶法提取过程中紫锥菊多糖提取率的影响见图 4-34。

由图 4-34 可见，酶用量为 3%~7%，多糖的提取率随酶用量的增加而逐渐提高；在小于 5% 时，多糖提取率增加较快，在 5% 时，提取率为 10.43%，大于 5% 时，酶用量的增加对多糖提取率提高影响不大。考虑节约资源和降低成本，初步选择酶用量 5%，进行下一步试验。

5. 酶解时间对酶提法中紫锥菊多糖提取率的影响

在料液比 1：15、酶解温度 50℃、酶用量 5%、pH 值 3.0 的条件下，酶解时间对酶法提取过程中紫锥菊多糖提取率的影响见图 4-35。

由图 4-35 可见，在 30~180min 内，多糖的提取率随酶解时间的增加而逐渐提高；60min 以前，提取率增加较快，酶解时间超过 60min 后，酶解时间的增加对多糖提取率提高影响不大。考虑降低能耗和节约时间，初步选择酶解时间 60min，进行下一步

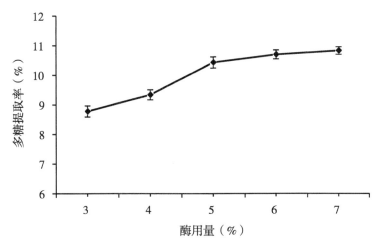

图 4-34 酶用量对酶提法中紫锥菊多糖提取率的影响

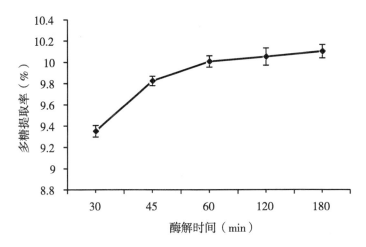

图 4-35 酶解时间对酶提法中紫锥菊多糖提取率的影响

试验。

6. 酶提法正交试验

由单因素实验的结果可见，酶解温度、pH 值、酶用量、酶解时间都影响紫锥菊多糖的提取率。因此，根据以上 4 个因素的最佳单因素条件，设计 $L_9(3^4)$ 正交试验，来进一步优化酶法提取工艺。正交设计的因素水平和正交试验结果分析如下（表 4-43、表 4-44）。

表 4-43　紫锥菊多糖酶法提取正交试验设计因素水平

水平	酶解温度（℃）	pH 值	酶用量（%）	酶解时间（min）
1	30	2	3	30
2	40	3	4	45
3	50	4	5	60
4	60	5	6	120
5	70	6	7	180

表 4-44　紫锥菊多糖酶法提取正交试验结果与分析

序号	酶解温度（℃）	pH 值	酶用量（%）	酶解时间（min）	提取率
1	1	1	1	1	8.8
2	1	2	2	2	9.19
3	1	3	3	3	9.81
4	2	1	2	3	10.42
5	2	2	3	1	10.38
6	2	3	1	2	9.36
7	3	1	3	2	9.3
8	3	2	1	3	9.81
9	3	3	2	1	9.98
k_1	9.267	9.507	9.323	9.720	
k_2	10.053	9.793	9.863	9.283	
k_3	9.697	9.717	9.830	10.013	
R	0.786	0.286	0.540	0.730	

根据正交试验结果，通过直观分析和极差分析，可知在紫锥菊多糖酶法提取过程中，4 个因素对提取率的影响顺序为 A 酶解温度>D 酶解时间>C 酶用量>B pH 值。根据分析最佳温浸提取工艺是 $A_2B_2C_2D_3$，即酶解温度为 50℃，pH 值为 3.0，酶用量为 5%，酶解时间为 60min。

（六）工艺对比及放大试验

对以上四种提取方法优化方案进行比较。多糖提取率果胶酶提取 8.45%>微波提取 7.48%>超声提取 7.35%>温浸提取 7.06%。因此，最佳的提取方法为果胶酶提法。对果胶酶提法进行 10 倍放大试验，平行三批。提取率分别为 8.35%、8.42%、8.45%，平均提取率为 8.41%，RSD 为 1.02%，工艺稳定，可行。

（七）醇沉工艺优化

醇沉条件优化的正交试验结果见表4-45。

表4-45 紫锥菊多糖水提醇沉正交实验结果与分析

序号	浓缩比例	乙醇终浓度（%）	搅拌时间（min）	醇沉时间（h）	多糖含量（%）
1	1	1	1	1	30.78
2	1	2	2	2	33.71
3	1	3	3	3	30.46
4	2	1	2	3	31.76
5	2	2	3	1	30.81
6	2	3	1	2	31.54
7	3	1	3	2	27.95
8	3	2	1	3	30.53
9	3	3	2	1	28.31
k_1	31.650	30.163	30.950	29.967	
k_2	31.370	31.683	31.260	31.067	
k_3	28.930	30.103	29.740	30.917	
R	2.720	1.580	1.520	1.100	

根据正交试验结果，通过直观分析和极差分析，可知在紫锥菊多糖温浸提取过程中，4个因素对提取率的影响顺序为 A 浓缩比例>B 乙醇终浓度>C 搅拌时间>D 醇沉时间。最佳醇沉工艺是 $A_1B_2C_2D_2$，即浓缩比例为 1:1，乙醇终浓度为 70%，搅拌时间为 10min，醇沉时间为9h。

（八）干燥方法的选择

恒温鼓风干燥、真空干燥、喷雾干燥得到的紫锥菊多糖外观见附图4-21。

由附图4-21可见，恒温鼓风干燥、真空干燥得到的多糖颜色不均匀，而且有些呈团或块状，喷雾干燥得到的多糖为色泽均一粉末。

对三种干燥方法得到的样品进行水溶性检测，发现溶解的大小顺序为喷雾干燥>恒温鼓风干燥和真空干燥。鼓风干燥和真空干燥的样品很难全溶，超声的情况下也有不溶物。通过对三种干燥方法得到的多糖外观、溶解性比较，喷雾干燥要优于恒温鼓风干燥和真空干燥。同时，喷雾干燥的速度要远高于其他两种干燥方式，也是目前大规模工业化生产普遍采用的干燥方法。因此，实验选择喷雾干燥的方式进行干燥。

（九）最佳工艺路线

根据提取方法、醇沉过程的优化及干燥方式的选择结果，确定紫锥菊提取的最佳工艺路线见图4-36。

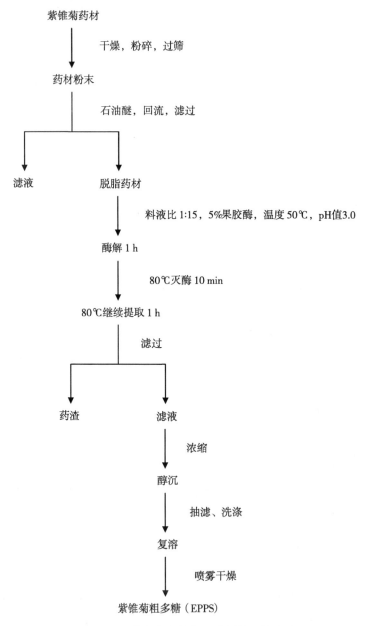

图4-36 紫锥菊多糖提取的最佳工艺路线

四、小结

本部分首先通过预实验对比了乙醇、石油醚、乙酸乙酯等溶剂的脱脂率和对多糖含量的影响，选出石油醚为脱脂溶剂；通过对比水和不同浓度醇的提取效果，选择了水为提取溶剂。

本部分通过正交试验优化紫锥菊多糖温浸提取、微波提取、超声提取、果胶酶提法。优化的方案及提取率为，温浸提取：料液比 1：20，温度 80℃，提取时间 2.5h，提取次数 2 次，提取率为 7.06%；微波提取：料液比 1：15，微波功率 600W，微波提取时间 3min，微波温度 60℃，提取率为 7.48%；超声提取：料液比 1：15，功率 300W，提取时间 20min，超声提取 2 次，提取率为 7.35%；果胶酶提法：酶解温度 50℃，pH 值 3.0，酶用量 5%，酶解时间 60min，提取率为 8.45%。在正交试验的基础上，对比各工艺的提取率，发现果胶酶酶提法的提取率最高。通过放大试验，证明果胶酶酶提法工艺稳定，可行，此条件下提取率为 8.41%。通过正交试验优化醇沉工艺，最佳工艺为：浓缩比例为 1：1，乙醇终浓度为 70%，搅拌时间为 10min，醇沉时间为 9h。最后，通过对比恒温鼓风干燥、真空干燥、喷雾干燥，确定喷雾干燥进得到含量高、溶解性好的紫锥菊粗多糖。

第九节　紫锥菊多糖的分离纯化

水提醇沉得到的粗多糖一般不均一，离子强度、分子大小和形状、组成等方面都存在一定差异，需结合其他纯化方法进一步纯化。

由第二章得到优化工艺制备的紫锥菊粗多糖（EPPS）进行含量测定，多糖含量在（30.85±2）%，需再纯化。

本部分实验中采用 DEAE-Cellulose 52 离子交换柱层析和 Sephadex G-100 凝胶过滤层析柱对紫锥菊多糖进行纯化。

一、实验材料

（一）材料与试剂

实验所需的材料与试剂见表 4-46。

表4-46 实验材料与试剂

名称	厂家	规格
氯仿	国药集团化学试剂有限公司	分析纯
正丁醇	国药集团化学试剂有限公司	分析纯
大孔吸附树脂	天津海光化学有限公司	AB-8
氯化钠	天津市鼎盛鑫化工有限公司	分析纯
氢氧化钠	莱阳市康德化工有限公司	分析纯
盐酸	莱阳市康德化工有限公司	分析纯
乙醇	莱阳市康德化工有限公司	分析纯
DEAE-Cellulose 52	北京博奥拓达科技有限公司	DEAE-Cellulose 52
Sephadex G-100	上海蓝季科技有限公司	G-100

（二）仪器与设备

实验所需的仪器与设备见表4-47。

表4-47 实验仪器与设备

名称	厂家	型号
真空干燥箱	上海博讯	DZG-6020
恒流泵	上海沪西	HL-2
自动部分收集器	上海沪西	DBS-100
透析袋	USA	截留分子量3500
冷冻干燥机	北京博医康实验仪器有限公司	FD-1D-55
旋涡混合仪	德国IKA	VIBRAX VXR

二、实验方法

（一）粗多糖预处理

将粗多糖复溶于水中制成5mg/mL的多糖溶液，用Sevage方法脱蛋白5次后，用大孔树脂 AB-8 冷浸法脱色 1 天。利用 DEAE-Cellulose 52 和 Sephadex G-100 将脱色脱蛋白后的紫锥菊多糖进行进一步的纯化。

（二）DEAE-Cellulose 52 柱色谱

1. 填料预处理

溶胀：称取 DEAE-Cellulose 52 100 g 于 1 000mL 烧杯中，加超纯水，搅拌均匀，煮沸 10min，室温下再溶胀，用水悬浮法除去少量的纤维素单体或碎片。

脱气：待填料充分溶胀，倾去部分水后放入真空干燥箱中，抽真空，直到填料溶液中没有气泡冒出。

2. 装柱与平衡

装柱：将色谱柱（26mm×400mm）清洗干净垂直固定到色谱柱架上，加 2cm 高度的超纯水，使柱底部不留气泡，用玻璃棒轻轻搅拌烧杯内脱好气的填料，直至形成均一的填料溶液，立即在玻璃棒引流下将填料溶液缓缓加入色谱柱内，加入的填料会在柱内自然沉降，待柱底的砂板上累积起 1~2cm 的填料床后，打开色谱柱下端活塞。随着柱内填料的沉降和水的流出，不断加入新的填料液，保证形成的填料床面上有填料连续下降，最终使有效柱长达 30cm。

平衡：用 3 倍柱体积的超纯水平衡色谱柱。

3. 上样与洗脱

上样：精密称取 0.5g 紫锥菊粗多糖（EPPS）加 5mL 水溶解，10 000rpm 离心，取上清上样。用胶头滴管缓慢吸取填料上多余的水至凹液面和胶面平行时，用胶头滴管吸取样品沿管壁缓慢上样与填料床面上，避免破坏填料床面。

洗脱：首先用 250mL 超纯水洗脱，再依次用 250mL 0.1mol/L、0.3mol/L、0.5mol/L、0.7mol/L NaCl 梯度洗脱，流速 2mL/min，用自动部分收集器 150s/tube 分部收集。

4. 洗柱与再生

洗柱：对于用过的 DEAE-Cellulose 52，可以重复利用多次。每次洗脱完一次样品，用大量处理高浓度 2mol/L 的 NaCl 过柱冲洗柱床，以除去 DEAE-Cellulose 52 阴离子交换纤维所吸附的成分。再用所需的第一种洗脱液冲洗平衡柱床，以备下次上样。

再生：使用几次后，柱床下降严重，柱效较低时，需对 DEAE-Cellulose 52 进行再生。洗柱后卸柱，用 0.5mol/L 的 NaOH 浸泡处理 2h，倾去 NaOH 溶液用水洗至中性，在用 0.5mol/L 的 HCl 浸泡处理 2h，倾去 HCl 溶液用水洗至中性，用 0.5mol/L 的 NaOH 浸泡处理 2h，倾去 NaOH 溶液用水洗至中性后备用。

5. 检测方法

硫酸-苯酚法（490 nm）：隔管取样品 250μL 至具塞试管中，准确加蒸馏水使终体积至 0.5mL，加入 5%苯酚溶液 0.5mL，混匀后快速冲入浓硫酸 2.5mL，在涡旋混合仪上震荡混匀，室温放置 30min，以蒸馏水代替样品，用相同的处理制成空白对照，于 490nm 处测定各管的吸光度。以洗脱管号为横坐标，以 490nm 吸光值为纵坐标绘制出洗脱曲线图。

6. 样品收集

根据以上样品的检测结果，合并各个吸收峰对应收集管内的洗脱液浓缩、流水透析 3d、真空冷冻干燥，即得经 DEAE-Cellulose 52 分离的紫锥菊多糖组分。

（三）Sephadex G-100 柱色谱

1. 填料预处理

溶胀：称取 Sephadex G-100 凝胶干粉约 10g 于 1 000mL 烧杯中，缓慢加入适量超纯水，加热煮沸 2h，在此过程中可不时用玻璃棒搅拌，使其充分溶胀。室温下冷却，在此过程中，用超纯水洗涤，除去表面悬浮的细小颗粒。

脱气：将溶胀好的填料，倾去部分水后放入真空干燥箱中，抽真空，直到填料溶液中没有气泡冒出。

2. 装柱与平衡

装柱：将色谱柱（15mm×700mm）清洗干净垂直固定到色谱柱架上。为了避免凝胶形成不同的界面，如果凝胶床面上不再有凝胶颗粒下降，应该用搅棒均匀地将凝胶床搅起数厘米高，然后再加凝胶，否则层析效果将受到影响。当凝胶沉积高度离层析柱上端 2cm 左右，停止装柱。

平衡：用 3 倍柱体积的超纯水平衡色谱柱。

3. 上样与洗脱

上样：选取 DEAE-Cellulose 52 纯化后得到较多的组分进行进一步纯化。将各组分配制成 30mg/mL 的水溶液，0.45μm 过膜后上样，上样量 1mL。用胶头滴管缓慢吸取填料上多余的水至凹液面和胶面平行时，用胶头滴管吸取样品沿管壁缓慢上样与凝胶床面上，避免破坏胶面。

洗脱：待样品全部加入后，用洗脱液-水小心清洗凝胶床界面表面，使黏附着的样品全部洗入凝胶床，继续加入洗脱液，当洗脱液凹液面高出凝胶床界 2cm 左右时，封闭层析柱上端，连接恒流泵。调节恒流泵使洗脱流速为 0.2mL/min、10min/tube，分部收集。

4. 洗柱与再生

洗柱：样品完全洗脱后，继续使用三倍柱体积的洗脱液冲洗凝胶，再次使用需反冲凝胶柱并重新平衡。

再生：使用数次后，需对凝胶进行再生处理。

方法：用 0.1mol/L NaOH-0.5mol/L NaCl 溶液浸泡，然后用蒸馏水洗至中性备用。若短期内不再使用，可将再生后的凝胶用蒸馏水洗涤抽干，并用 95%乙醇洗两次，于60℃烘干回收保存。

5. 检测方法

硫酸-苯酚法（490nm）：依次取每管样品 125μL 至具塞试管中，准确加蒸馏水使终体积至 0.5mL。

6. 样品收集

方法同上。

三、结果与分析

（一）DEAE-Cellulose 52 柱色谱结果

DEAE-Cellulose 52 柱层析分离紫锥菊多糖收集 250 管，每管 5mL。1-79 管溶液基本无色，80-103 管溶液呈微黄色，104-133 管溶液基本无色，134 管以后溶液均成黄色，分离的结果见图4-37。

由图 4-37 可见，经 DEAE-Cellulose 52 分离可得到 EPPSⅠ、EPPSⅡ、EPPSⅢ、EPPSⅣ 4 个组分，分别为水、0.1mol/L、0.3mol/L、0.7mol/L NaCl 溶液洗脱得到。除水洗脱的组分没有颜色外，其余的 3 个组分都为不同程度的黄色。冻干后 EPPSⅠ、EPPSⅡ、EPPSⅢ、EPPSⅣ对应的颜色分别为乳白色、浅黄色、黄色、褐色。

经水、0.1mol/L、0.3mol/L NaCl 溶液洗脱得到的 EPPSⅠ、EPPSⅡ、EPPSⅢ 较多，用来进行下一步纯化。本部分实验中水洗得到了较多的 EPPSⅠ，说明紫锥菊多糖中可能含有中性多糖。

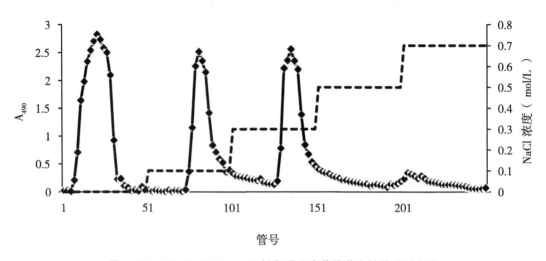

图 4-37　DEAE-Cellulose 52 柱色谱分离紫锥菊多糖的洗脱曲线

（二）Sephadex G-100 柱色谱结果

EPPSⅠ、EPPSⅡ、EPPSⅢ的 Sephadex G-100 柱色谱结果分别见图 4-38、图 4-39、图 4-40。

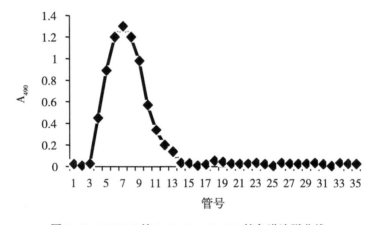

图 4-38　EPPS I 的 Sephadex G-100 柱色谱洗脱曲线

由图可见 EPPSⅠ、EPPSⅡ、EPPSⅢ均呈单一峰。但是 EPPSⅠ、EPPSⅡ峰型相对较窄且对称性相对较好，说明多糖较均一，分离效果较好。由图 4-40 可见，EPPSⅢ峰较宽且不对称，分离效果不好。

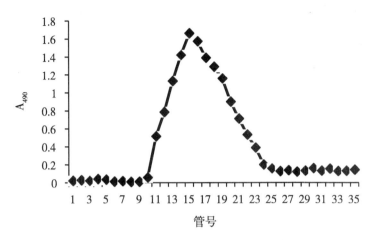

图4-39 EPPSⅡ的Sephadex G-100柱色谱洗脱曲线

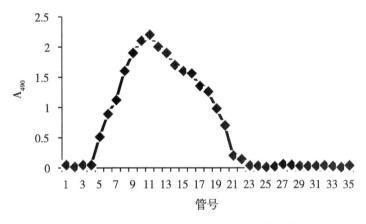

图4-40 EPPSⅢ的Sephadex G-100柱色谱洗脱曲线

四、小结

DEAE-Cellulose 52 是阴离子交换柱，根据物质的不同离子强度来分离的，为了保证多糖的能够洗脱充分，在预实验中，采用了 0~2mol/L 的 NaCl 溶液梯度洗脱，发现 0.9~2mol/L 的 NaCl 溶液没有出现峰值。故在试验中选择了 0~0.7mol/L 的 NaCl 进行洗脱，得到了 EPPSⅠ、EPPSⅡ、EPPSⅢ、EPPSⅣ 4 个组分，分别由水、0.1mol/L、0.3mol/L、0.7mol/L NaCl 溶液洗脱得到。对得率较多的 EPPSⅠ、EPPSⅡ、EPPSⅢ用 Sephadex G 进一步纯化。

Sephadex G 是按分子大小和形状不同分离的。Sephadex G-100 的分离分子量范围是 4 000~150 000，在没有确定 EPPSⅠ、EPPSⅡ、EPPSⅢ分子量的情况下，选择了分离范围较大的 Sephadex G-100。为了保证多糖能够洗脱充分，在预实验中，用水洗脱收集50 管，但是在 35 管以后没有峰值出现，故在试验中收集 35 管。根据分离情况 EPPS Ⅰ、EPPS Ⅱ 为一个组分，EPPS Ⅲ 可能含杂质较多。在 Sephadex G-100 分离下，有些峰形不对称，分离效果不好，原因可能是：①DEAE-Cellulose 52 初期分离效果不好；②在层析柱的预处理及装柱过程中，操作不当，导致 DEAE-Cellulose 52 被污染或 Sephadex G-100 凝胶破裂。

第十节　紫锥菊多糖的结构分析

一、材料与仪器

（一）材料与试剂

实验所需的材料与试剂见表 4-48。

表 4-48　实验材料与试剂

名称	厂家	规格
硝酸钠	国药集团化学试剂有限公司	分析纯
溴化钾	国药集团化学试剂有限公司	分析纯
D_2O	国药集团化学试剂有限公司	99.9%

（二）仪器与设备

实验所需的仪器与设备见表 4-49。

表 4-49　实验仪器与设备

名称	厂家	型号
高效液相	美国 Agilent 公司	1 100
X 射线多晶衍射仪	德国布鲁克 AXS 有限公司	D8 ADVANCE
FT-IR 光谱仪	Thermo Scientific 公司	Nicolet IR 200
核磁共振波谱仪	瑞士布鲁克公司	BRUKER AVANCE Ⅲ HD 500MHz

二、实验方法

（一）多糖分子量测定

采用高效凝胶渗透色谱测定各 EPPS Ⅰ、EPPS Ⅱ、EPPS Ⅲ的分子量。色谱条件如下。

流动相：0.1mol/L NaNO$_3$溶液。

流速：1.0mL/min。

柱子：Shodex OHpak 806 和 802 串联。

检测器：示差折光检测器（Optilab rex）和激光检测器（DAWN HELEOS-Ⅱ）联用（美国怀雅特公司）。

样品前处理：用流动相溶解稀释至 5 000mg/kg 进样。

（二）XRD 分析

将 EPPS Ⅰ、EPPS Ⅱ、EPPS Ⅲ压于样品架上进行 X 射线多晶衍射测定。

条件：陶瓷 X 光管，Cu 靶，额定电压 40kV，额定电流 50mA，扫描范围 2θ 5~60。

（三）红外分析

取干燥后的 KBr 适量，与 500μg 纯化样品 EPPS Ⅰ、EPPS Ⅱ、EPPS Ⅲ混合，在红外灯下于玛瑙研钵中研磨均匀至无晶粒，用 10×10^7Pa 压力在压油机上压 5min，取压的薄片在红外光谱仪与 400~4 000cm^{-1}扫描，记录光谱数据和光谱图。

（四）核磁共振

称取多糖组分 30mg 分别溶于 0.5mL D$_2$O 中，进行 ^{1}H NMR 及 ^{13}C NMR 核磁分析。

三、结果与分析

（一）多糖分子量测定

EPPS Ⅰ、EPPS Ⅱ、EPPS Ⅲ的分子量测定结果分别见图 4-41、图 4-42 和图 4-43。由图 4-41 至图 4-43 可见，EPPS Ⅰ、EPPS Ⅱ、EPPS Ⅲ的分子量分别为 21.5kDa、

Mw   2.147e+4（3%）

Mz   2.795e+4（5%）

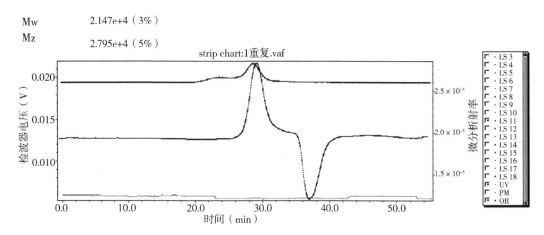

图 4-41　EPPS I 分子量测定谱

Mw   1.201e+4（3%）

Mz   1.803e+4（5%）

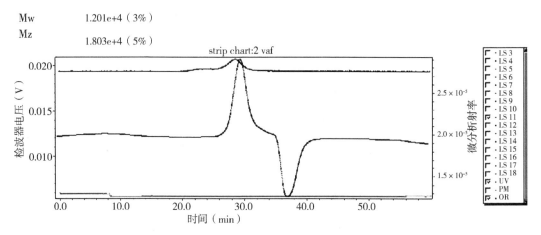

图 4-42　EPPS II 分子量测定谱

Mw   1.295e+4（5%）

Mz   1.361e+4（10%）

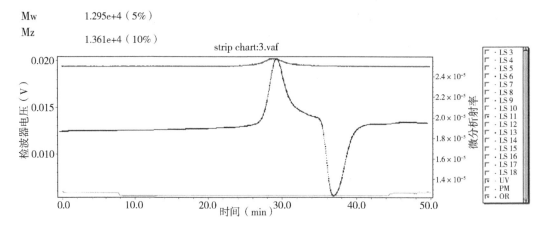

图 4-43　EPPS III 分子量测定谱

12.0kDa、13.0kDa。Wagner 等分离出了紫锥菊根部的粗制多糖，并从地上部分分离出两种多糖组分（PSⅠ、PSⅡ），PSⅠ、PSⅡ的分子量分别为 35kDa、45kDa。Rosaria Cozzolino 等从狭叶紫锥菊中分离除了分子量为 3.5kDa 及 128kDa 的两种糖。本部分实验以引种紫锥菊为材料，通过酶提法提取纯化后得到了 3 种多糖组分，分子量不同于 Wagner 等和 Rosaria Cozzolino 等研究者得到的多糖，原因可能是：①不同种属间多糖存在差异，②采用的提取方法不同。分子量的不同可能导致活性的差异，因此有必要进一步研究制得的 EPPSⅠ、EPPSⅡ、EPPSⅢ的活性。

（二）XRD 分析

EPPSⅠ、EPPSⅡ、EPPSⅢ的 XRD 分析结果见图 4-44。

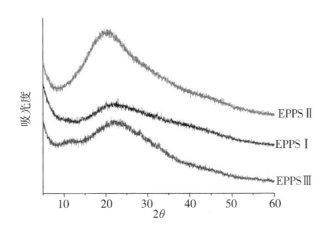

图 4-44　EPPSⅠ、EPPSⅡ、EPPSⅢ XRD

由图 4-44 可见，EPPSⅠ、EPPSⅡ、EPPSⅢ在 2θ 为 24 左右有弱的衍射峰，几乎为无定形区，说明它们结晶度低，均处于无定形状态。EPPSⅡ的衍射峰强些，可能较 EPPSⅠ、EPPSⅢ其结晶性好些。这个结果与 Bonadeo I 等从狭叶紫锥菊根部得到的多糖的混合物是伪结晶物相似。

（三）红外分析

EPPSⅠ、EPPSⅡ、EPPSⅢ的红外分析分别见图 4-45、图 4-46、图 4-47。

由图 4-45 至图 4-47 可知，EPPSⅠ、EPPSⅡ、EPPSⅢ的基团非常相似。图 4-44 中 3 371.9cm^{-1}为 O—H 的伸缩振动，说明分子中含羟基。2 933.27cm^{-1}为 C—H 伸缩振

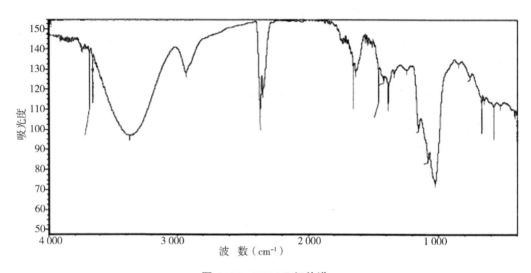

图4-45　EPPS I 红外谱

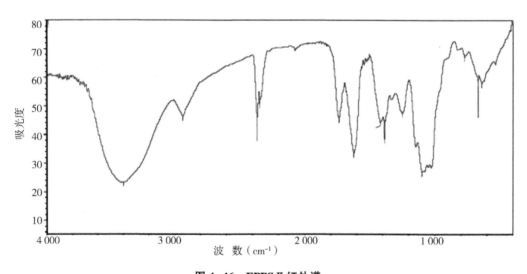

图4-46　EPPS II 红外谱

动。1 152.76cm^{-1}、1 080.21cm^{-1}、1 026.52cm^{-1}三个峰为吡喃糖环特征吸收峰，是其糖苷键 C—O—C 的非对称振动峰，在 669.51cm^{-1}处为吡喃糖环 C—O—C 的对称振动峰，说明 EPPS I 为吡喃糖。图4-46 中 3 400.72cm^{-1}为 O—H 的伸缩振动，说明分子中含羟基。2 936.81cm^{-1}为 C—H 伸缩振动。图4-47 中 3 431.66cm^{-1}为 O—H 的伸缩振动，说明分子中含羟基。2 937.91cm^{-1}为 C—H 伸缩振动。EPPS I 的峰较明显的原因可能是纯度较高。

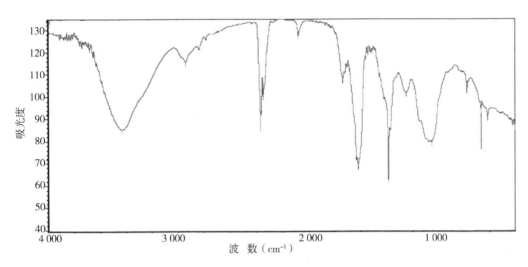

图4-47 EPPSⅢ红外谱

（四）核磁共振

选取红外特征峰较明显的 EPPS Ⅰ 进行[1]H NMR、^{13}C NMR 分析，结果分别见图4-48、图4-49。在[1]H NMR 中，5.306mg/kg 处有异头碳 C_1 上质子的氢位移，表明这些葡

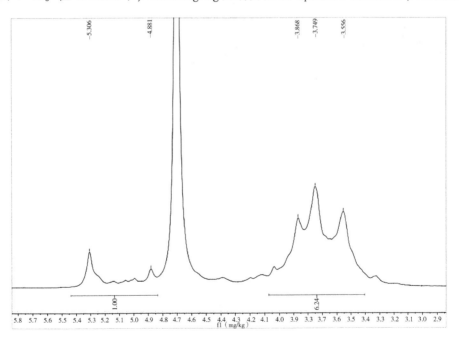

图4-48 EPPS Ⅰ 的[1]H NMR 谱

萄糖残基均为α型吡喃糖，这与红外光谱分析一致。在 ^{13}C NMR 中，99.641mg/kg 处化学位移表明 C-1 发生取代，76.745mg/kg、73.325mg/kg、71.514mg/kg 处化学位移表明有未发生取代的 C-2、C-3、C-4；无 78~85mg/kg 内化学位移，表明不存在发生取代的 C-2、C-3、C-4；69.305mg/kg 处的化学位移表明有发生取代的 C-6。60.457mg/kg 的化学位移表明还存在未取代的 C-6，因此可能还具有其他 α 分支结构。

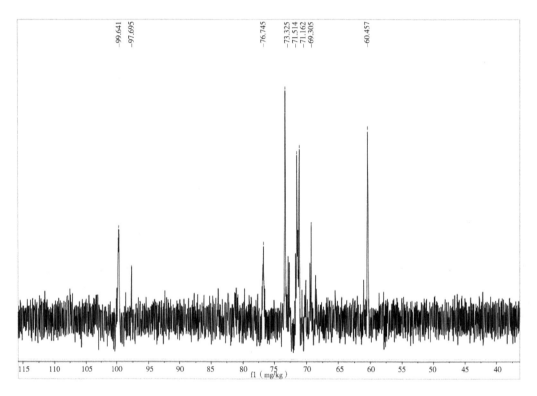

图 4-49　EPPS I 的 ^{13}C NMR 谱

四、小结

实验通过简单的波谱分析得到以下结论。

（1）EPPS I、EPPS II、EPPS III 的分子量分别为 21.5 kDa、12.0 kDa、13.0 kDa。

（2）EPPS I、EPPS II、EPPS III 的结晶度都很低，均处于无定形状态。

（3）红外表明 EPPS I、EPPS II、EPPS III 的结构相似，EPPS I 特征峰较明显为吡喃糖。

（4）EPPS I 的核磁结果证明了 EPPS I 为吡喃糖，且发生 C-1、C-6 取代。

第十一节　紫锥菊多糖的免疫活性研究

本实验以小鼠 NK 细胞和小鼠单核巨噬细胞 RAW 264.7 为对象，研究紫锥菊多糖的免疫活性。

一、实验材料

（一）材料与试剂

实验所需的材料与试剂见表 4-50。

表 4-50　实验材料与试剂

名称	厂家	规格
小鼠	昆明小白鼠	清洁级
RPMI-1640	Gibco	生物试剂
DMEM	Gibco	生物试剂
胎牛血清 FBS	Gibco	生物试剂
P/S	美国 HyClone 公司	生物试剂
TE	上海研域商贸有限公司	生物试剂
四甲基偶氮唑盐（MTT）	美国 Sigma 公司	生物试剂
二甲基亚砜（DMSO）	国药集团化学试剂有限公司	分析纯
Tris	美国 Sigma 公司	生物试剂
氯化铵	国药集团化学试剂有限公司	分析纯
台盼蓝	美国 Sigma 公司	生物试剂

（二）仪器与设备

实验所需的仪器与设备见表 4-51。

表 4-51　实验仪器与设备

名称	厂家	型号
CO_2 培养箱	上海博讯	BC-J80S
立式压力灭菌器	上海博讯	YXQ-LS-30S Ⅱ
倒置显微镜	Olympus	CKX41

（续表）

名称	厂家	型号
超净台	北京哈东联	DL-CJ-1ND II
96 孔细胞培养板	Costar	3599
6 孔细胞培养板	Costar	3516
离心机	上海安亭	TDL-40C
离心机	Eppendorf	5415R
微孔加样器	Eppendorf	2.5μL~1mL 间的各种规格
微孔板快速振荡器	苏州江东精密仪器有限公司	QB-9001
酶标仪	Thermo Multiskan	MK3

二、实验方法

（一）对 NK 细胞活性影响

NK 细胞为自然杀伤细胞，是机体重要的免疫细胞，具有非特异性杀伤作用，在免疫系统中发挥着重要的作用，不仅与抗肿瘤、抗病毒感染和免疫调节有关，而且在某些情况下参与超敏反应和自身免疫性应答。K562 是白血病细胞，处于高度未分化阶段，从白血病急变期的患者的胸水中分离建立的。K562 是 NK 细胞的高度敏感的体外靶标。检测 NK 细胞的杀伤活性经常用它做靶细胞。

MTT 比色法，是一种检测细胞存活和生长的方法。其检测原理为活细胞线粒体中的琥珀酸脱氢酶能使外源性 MTT 还原为水不溶性的蓝紫色结晶甲瓒（Formazan）并沉积在细胞中，而死细胞无此功能。二甲基亚砜（DMSO）能溶解细胞中的甲瓒，用酶标仪在 570nm 测定其光吸收值，可间接反映活细胞数量。

小鼠脾脏在体内 IL-3 诱导下可促进 NK 细胞的分化。本部分实验以从小鼠脾脏中分离 NK 细胞为效应细胞，以 K562 细胞为靶细胞，采用 MTT 比色法检测细胞数确定 NK 细胞对靶细胞 K562 的杀伤率。

1. 小鼠脾细胞悬液的制备

查阅参考文献，小鼠脾细胞的分离按以下方法进行。脱颈处死小鼠，75%酒精浸泡消毒 2~3min，超净台内取脾脏，用 PBS 冲洗 1 次，然后于 150 目筛网中研磨，边研磨边加入 20%FBS 的 RPMI 1640 培养液，过筛至 50mL 离心管中。800rpm，离心 5min，弃上清，加入 Tris-NH$_4$Cl 缓冲液 5mL，吹打均匀，静置 3~4min。1 000rpm 离心 5min，弃上清，用

5mL 含 1%P/S 的 PBS 洗 2 次，用 5mL RPMI1640 洗 1 次，台盼蓝染色、计数、弃上清，用 10%FBS、1%P/S 的 RPMI 1640 完全培养液调整细胞浓度至 $5×10^6$ 个/mL，待用。

2. 靶细胞的制备

K562 细胞置离心管中，1 200 rpm/min，离心 3min，用 10%FBS、1%P/S 的 RPMI 1640 完全培养液调整成浓度为 $5×10^5$ 个/mL 的细胞悬液。

3. NK 细胞活性的测定

将小鼠脾细胞悬液加入 96 孔板中，每孔 50μL，再依次加入含 EPPS、EPPS Ⅰ、EPPS Ⅱ、EPPS Ⅲ 50μg/mL、100μg/mL、250μg/mL 的 RPMI 1640 完全培养液，各做 4 复孔。于 37℃、5%CO_2 培养箱培养 12h 后，加入 K562 细胞悬液 50μL，同时设设空白对照组、靶细胞对照组及效应细胞对照组。再培养 24h 后弃上清，每孔加入 0.5mg/mL 的 MTT 50μL，继续培养 4h 后，每孔加入 DMSO 150μL，培养 1h 后，在微孔板快速振荡器上振摇 5min，使蓝紫色甲瓒结晶充分溶解，用酶标仪测定各孔在 570 nm 处的吸光度值。结果以 NK 细胞杀伤率表示。

（二）对 RAW264.7 细胞活性影响

RAW 264.7 是小鼠单核—巨噬细胞，具有多方面的生物功能，主要可以概括为以下几个方面：一是非特异免疫防御。当外来病原体进入机体后，在激发免疫应答前就可被单核—巨噬细胞吞噬清除，但少数病原体可在其胞内繁殖。二是清除外来细胞。三是非特异免疫监视。四是递呈抗原。即当外来抗原进入机体后，首先由单核—巨噬细胞吞噬、消化，将有效的抗原决定簇和 MHC Ⅱ 类分子结合成复合体，这种复合体被 T 细胞识别，从而激发免疫应答。五是分泌介质 IL-1、干扰素、补体（C1、C4、C2、C3、C、B 因子）等。

本部分实验以 RAW 264.7 为研究对象，通过检测细胞的增殖活性、NO 释放水平及细胞免疫因子的分泌水平来探讨紫锥菊多糖对巨噬细胞的体外免疫调控作用。

1. 对 RAW264.7 细胞增殖的影响

购买的 RAW264.7 细胞复苏，培养在 50mL 培养瓶中，等瓶底细胞密度达到 80%左右时，弃去原培养液，用 4mL 不含 FBS 含 1%P/S 的 DMEM 培养液漂洗一遍，弃去洗液，加入 2mL 胰酶 TE 消化 3~4min，在显微镜下看到细胞变圆、间隙增大时，加入 5mL DMEM 完全培养液终止消化，用吸管将细胞吹下来，移至离心管中，1 200rpm，离心 3min。加 DMEM 完全培养液，台盼蓝染色，计数，调整成浓

度为 2×10^5 个/mL 的细胞悬液。将以上细胞悬液铺于 96 孔板中，每孔 $100\mu L$，于 $37℃$、$5\%CO_2$ 培养箱培养 12h，待细胞贴壁后，弃去上清，分别加入 $50\mu g/mL$、$100\mu g/mL$、$250\mu g/mL$、$500\mu g/mL$ 的 EPPS、EPPS Ⅰ、EPPS Ⅱ 及 EPPS Ⅲ，空白对照组为 DMEM 完全培养液，每组设 8 个重复。于 $37℃$、$5\%CO_2$ 培养箱中继续培养 24h，收集上清液于无菌离心管中（用于后期的测定），每孔加入 $50\mu L$ 0.5 mg/mL 的 MTT，继续培养 4h 后，每孔加入 DMSO $150\mu L$，培养 1h 后，在微孔板快速振荡器上振摇 5min，使蓝紫色甲瓒结晶充分溶解，用酶标仪测定各孔在 570 nm 处的吸光度值。RAW264.7 的增殖能力以增值指数表示。

2. 对 RAW264.7 细胞分泌 NO 的影响

将细胞上清收到无菌离心管后，按 NO 试剂盒说明书测定 NO 的含量。

3. 对 RAW264.7 细胞分泌细胞因子的影响

将细胞上清收到无菌离心管后，按 ELISA 试剂盒说明书测定 IFN-γ 的含量。

4. 对 RAW264.7 细胞外观形态的影响

处理细胞，观察不同浓度 EPPS、EPPS Ⅰ、EPPS Ⅱ 及 EPPS Ⅲ 对 RAW264.7 外观形态的影响。

三、结果与分析

（一）对 NK 细胞活性影响

不同浓度紫锥菊多糖及其纯化所得组分 EPPS Ⅰ、EPPS Ⅱ、EPPS Ⅲ 对离体小鼠 NK 细胞活性的影响见表 4-52。

表 4-52 不同浓度 EPPS、EPPS Ⅰ、EPPS Ⅱ 及 EPPS Ⅲ 对离体小鼠 NK 细胞活性的影响

处理	例数	NK 细胞活性（%）			
		EPPS（%）	EPPS Ⅰ	EPPS Ⅱ	EPPS Ⅲ
空白	4	21.81±2.34			
50μg/mL	4	32.94±3.02	22.15±1.32	18.39±2.89	32.51±3.24
100μg/mL	4	24.82±2.74	26.91±3.43	23.50±3.23	24.26±1.87
250μg/mL	4	22.82±1.98	36.45±2.67	31.55±1.75	25.23±2.15

由表 4-52 结果表明，EPPS、EPPS Ⅰ、EPPS Ⅱ、EPPS Ⅲ对小鼠 NK 细胞活性有

促进作用，并且有一定的量效关系。EPPS、EPPSⅢ在 $50 \sim 250\mu g/mL$，随浓度的升高，促进作用减小；EPPSⅠ、EPPSⅡ在 $50 \sim 250\mu g/mL$，随浓度的升高，促进作用增大。

（二）对 RAW264.7 活性影响

1. 对 RAW264.7 细胞增殖的影响

不同浓度紫锥菊多糖及其纯化所得组分 EPPSⅠ、EPPSⅡ、EPPSⅢ 对 RAW264.7 细胞增殖的影响见图 4-50。

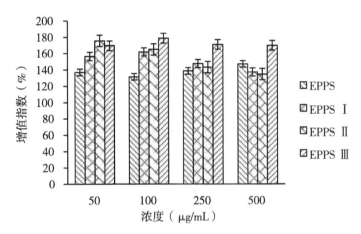

图 4-50 不同浓度 EPPS、EPPSⅠ、EPPSⅡ 及 EPPSⅢ对
RAW264.7 细胞增殖的影响

结果表明，EPPS、EPPSⅠ、EPPSⅡ、EPPSⅢ对 RAW264.7 细胞活性有促进作用。浓度为 $50 \sim 500\mu g/mL$ 时，EPPS 促进增殖的能力先降低后增大，$500\mu g/mL$ 时促进作用最大；浓度为 $50 \sim 500\mu g/mL$ 时，EPPSⅠ、EPPSⅡ促进增殖的能力范围内呈降低的趋势；浓度为 $50 \sim 500\mu g/mL$ 时，EPPSⅢ促进增殖的能力先增大后降低，$100\mu g/mL$ 时促进作用最大。

2. 对 RAW264.7 细胞分泌 NO 的影响

EPPS、EPPSⅠ、EPPSⅡ 及 EPPSⅢ对 RAW264.7 细胞分泌 NO 的影响见表 4-53。

表 4-53　不同浓度 EPPS、EPPS Ⅰ、EPPS Ⅱ 及 EPPS Ⅲ 对 RAW264.7 细胞分泌 NO 的影响

处理	NO 水平（μg/mL）			
	EPPS	EPPS Ⅰ	EPPS Ⅱ	EPPS Ⅲ
空白	12.90±1.63			
50μg/mL	18.42±1.60	36.50±2.31	24.32±2.54	22.78±1.98
100μg/mL	23.63±1.61	50.37±4.30	30.23±3.75	28.37±2.54
250μg/mL	26.78±3.11	65.72±3.78	50.36±5.21	40.78±3.79

EPPS、EPPS Ⅰ、EPPS Ⅱ 及 EPPS Ⅲ 能促进 RAW264.7 对 NO 的释放，并在 50～250μg/mL 内呈量效关系。

3. 对 RAW264.7 细胞分泌细胞因子的影响

EPPS、EPPS Ⅰ、EPPS Ⅱ 及 EPPS Ⅲ 对 RAW264.7 细胞分泌 IFN-γ 的影响分别见表 4-54。

表 4-54　不同浓度 EPPS、EPPS Ⅰ、EPPS Ⅱ 及 EPPS Ⅲ 对 RAW264.7 细胞分泌 IFN-γ 的影响

处理	IFN-γ 水平（pg/mL）			
	EPPS	EPPS Ⅰ	EPPS Ⅱ	EPPS Ⅲ
空白	111.33±2.32			
50μg/mL	142.55±1.83	162.67±6.69	136.12±8.31	251.22±5.34
100μg/mL	143.76±3.41	198.33±4.00	134.82±3.46	255.56±9.43
250μg/mL	150.31±7.33	199.00±1.21	132.31±6.57	274.00±6.25

由表 4-54 可见，EPPS、EPPS Ⅰ 及 EPPS Ⅲ 能促进 RAW264.7 对 IFN-γ 的释放，并在 50～250μg/mL 内呈量效关系。

4. 对 RAW264.7 细胞外观形态的影响

不同浓度 EPPS、EPPS Ⅰ、EPPS Ⅱ 及 EPPS Ⅲ 对 RAW264.7 外观形态的影响见附图 4-22。

由附图 4-22 可见，空白处理的细胞呈圆形，EPPS、EPPS Ⅰ、EPPS Ⅱ 及 EPPS Ⅲ 处理的细胞有变长的趋势，体积变大、外形不太规则。EPPS、EPPS Ⅰ 的影响较为明显。

四、小结

本部分实验表明 EPPS、EPPS Ⅰ、EPPS Ⅱ、EPPS Ⅲ 对小鼠 NK 细胞活性有促进作

用，并且有一定的量效关系。EPPS、EPPSⅠ、EPPSⅡ、EPPSⅢ对 RAW264.7 细胞增殖有明显的促进作用，同时能增加 RAW264.7 细胞对 NO、IFN-γ 的分泌量。

第十二节　紫锥菊种植技术和采收加工规范

一、名称与来源

菊科紫锥菊属植物紫锥菊 *Echinacea purpurea*（L.）Moench. 的干燥地上部分，又名紫松果菊。

二、种源

2015 年从美国引种。

三、栽培技术

（一）种植地选择

选择无工业污染源、远离交通主干线、水源无污染、中性沙壤土、排灌条件较好、原则上周围有 30m 以上隔离带的农业用地。

（二）育苗

苗床土施足基肥，整平，一般春季或秋季进行，有保温设施，在 2 月上中旬，将种子日晒 1 天，用 35~40℃温水浸泡 12h，捞出沥干，播入苗床，播种量 1.5kg/亩。播种后覆土，保温，保湿。7 天左右出苗。

（三）移栽

移栽前深耕土地，施有机肥 1t/亩左右。整地，做高畦，高 20~25cm，宽 110cm，畦沟宽 40cm。在 4 月上旬，选择苗高 7~10cm、株状、真叶 4~5 片的幼苗，株行距 20cm×40cm，移栽，5 月 1 日前移栽完毕。

（四）大田管理

紫锥菊苗容易成活，移栽后通常无死苗和病虫害现象发生。移栽后每 10~15 天中耕除草 1 次。适时浇水促进根、茎、叶发育以及抽薹开花。栽培期间不使用任何化肥、农药和化学除草剂。紫锥菊前期生长缓慢，中后期长势较好，生长前期要补充氮肥，后期补充磷钾肥。

（五）病虫害防治

紫锥菊的病虫害较少，主要有两种。

（1）枯萎病。根或根头处首先腐烂，然后整株枯萎。主要原因是移栽时的病菌感染及地下害虫咬根引起。防治方法：移栽时消毒并及时消灭地下害虫。

（2）黄叶病。叶色变黄，呈透明状，植株矮化，花开后呈畸形，失去紫色。生长第 2、第 3 年更易发生。植株第 1 年感染后，翌年才会发生症状。防治方法：发现病株，及时拔除，并消毒处理。

四、采收加工

（一）采收时间

地上部分采收期，当年移栽的为 10 月盛花期，留茬在 6 月下旬和 11 月 2 次采收。

（二）采收方法

采割地上部分，将花、茎、叶分开干燥、包装，建立批次档案。

（三）干燥

以晒干为主，如遇阴雨天，则烘干，温度控制在 75～110℃，干品水分小于 10%，色泽以青绿色为上品。

（四）包装

机压打包，编织袋包装，规格 85cm×65cm×45cm。茎、叶、花每包重量分别为 55kg、80kg、70kg。混合包装茎：叶：花质量百分比约为 48%：30%：22%。

五、贮藏

按批次类别分类存放，置于阴凉干燥处保藏，防鼠、霉变。

六、质量指标

（一）菊苣酸>0.5%

（二）多酚>1.3%

（三）水分<10%

（四）杂质<1%

（五）无霉变、无虫蛀

（六）重金属及有害元素限量

1. 砷<2mg/kg
2. 汞<0.2mg/kg
3. 铅<3mg/kg
4. 镉<0.3mg/kg

参考文献

蔡莉，朱江，2007. 黄芪多糖研究现状与进展 [J]. 中国肿瘤临床杂志（15）：896-900.

蔡良平，兰惠瑜，曹玉明，2006. 黄芪多糖喷雾干燥工艺研究 [J]. 中国药业，15（15）：51.

陈慧玲，况炜，章皓，2009. 羊栖菜多糖对离体小鼠 NK 细胞活性和巨噬细胞功能的影响 [J]. 现代实用医学，21（7）：691-695.

陈蕙芳，2004. 新的紫松果菊提取物 [J]. 国外药讯（4）：37-38.

窦德明，崔树玉，曹永智，等，2001. 引种紫锥菊有效成分菊苣酸含量研究 [J]. 中草药，32（11）：987-988.

葛文漪，黄建春，陈兆霓，2012. 正交设计法优选六月青多糖胶囊提取及醇沉工艺 [J]. 中国实验方剂学杂志，18（21）：42-45.

郝团军，2007. 紫锥菊育苗及栽培技术 [J]. 农村科技（9）：69.

侯团章，2004. 中草药提取物（第一卷）[M]. 北京：中国医药科技出版社.

李继仁，赵玉英，艾铁民，2002. 三种松果菊化学成分与生物活性研究进展 [J]. 中国中药杂志，27（5）：334-337.

李继仁，高秀峰，艾铁民，等，2002. 紫花松果菊亲脂性成分的研究 [J]. 中国中药杂志，27（1）：40-41.

李继仁，侯志新，王育琪，等，2003. 紫花松果菊亲脂性化学成分研究（Ⅱ）[J]. 天津药学，15（1）：1-2.

李继仁，等，2002. 紫花松果菊水溶性成分研究 [J]. 药学学报，37（2）：121-123.

李建新，2013. 酸浆宿萼多糖的提取分离纯化与活性研究 [D]. 太谷：山西农业大学.

李鹏，2009. 火龙果茎凝胶汁、多糖的初步研究 [D]. 北京：首都师范大学.

梁婷婷，周英，林冰，2013. 太子参多糖的水提醇沉工艺研究 [J]. 山地农业生物学报，32（1）：79-82.

林塬，刘仲义，2006. HPLC 法同时测定松果菊属中 4 种酚类化合物 [J]. 化学研究与应用，18（6）：749-752.

刘晓琳，2007. 紫锥菊的药理作用和临床应用 [J]. 黑龙江畜牧兽医（6）：83-85.

刘一兵，2001. 紫锥菊属植物制剂的化学、免疫作用与临床 [J]. 国外医药·植物药分册，16（2）：47-54.

罗炼辉，曾建国，谈满良，2007. 紫锥菊的成分及研究进展 [J]. 湖南中医药大学学报，27（8）：382-383.

罗炼辉，等，2007. 紫锥菊成分及研究进展 [J]. 湖南中医药大学学报（自然科学版增刊），27（S1）：382-383.

麻林，2010. 微波提取原理及其设备的应用与设计 [J]. 机电信息，12（35）：42-45.

毛讯，2010. 大孔树脂 AB-8 纯化麦冬多糖工艺的研究 [J]. 安徽农业科学，38（14）：7308-7338.

缪志林，2006. 紫锥菊的栽培技术 [J]. 时珍国医国药，17（3）：482.

牛小飞，史万玉，倪耀娣，等，2008. 紫锥菊对传染性法氏囊疫苗免疫效果的影响 [J] 畜牧与兽医，40（9）：5-8.

钱莉，陆家辉，傅奕，2011. 膜型 IL-15 联合 RAE-1ε 增强小鼠 NK 细胞的杀伤活性 [J]. 中国肿瘤生物治疗杂志，18（6）：611-616.

孙士红，2010. 食用菌多糖的研究现状 [J]. 黑龙江科技信息（30）：34.

佟巍，艾铁民，2000. 菊科松果菊属三种药用植物花粉的形态研究 [J]. 中草药，31（10）：779-780.

佟巍，张英涛，刘文芝，等，2002. 淡紫松果菊生药学研究 [J]. 中草药，33（3）：266-269.

王弘，王雪薇，陈世忠，等，2001. 松果菊属 3 种植物的理化分析 [J]. 中草药，32（10）：934-936.

王康才，等，2000. 紫锥菊属植物的化学成分、药理及开发利用研究进展 [J]. 中药材，23（12）：780-782.

王顺祥，魏经建，王奕鹏，2002. 紫松果菊对荷瘤小鼠的抑瘤作用及产生肿瘤坏死因子的影响 [J]. 癌变·畸变·突变，14（2）：124-125.

王婷婷，付超美，李钰婷，2008. 麦冬粗多糖除蛋白工艺研究 [J]. 中国新药杂志，17（9）：769-771.

吴华，2008. 紫锥菊提取物对奶牛外周血单核细胞功能的影响 [D]. 杨凌：西北农林科技大学.

薛亚峰，2008. 紫锥菊地上部分化学成分研究 [D]. 杨凌：西北农林科技大学.

闫晓慧，谈锋，2006. 3 种松果菊属植物的鉴别、活性成分及生物技术研究进展 [J]. 中草药，37（2）：300-303.

晏媛摘，2003. 含紫锥菊和光果甘草根提取物的制剂 Revitonil 的免疫药理学研究 [J]. 国外医药·植物药分册，18（6）：270-271.

杨成，吴春英，骆文娟，2013. 多糖的研究现状与展望 [J]. 湖南中医杂志，29（6）：146-148.

余洋定，启航，李冬梅，2012. 果胶酶辅助提取裙带菜孢子叶多糖的工艺条件优化 [J]. 食品与机械，28（1）：175-177.

郁玮，2009. 无花果多糖抗氧化活性研究 [D]. 镇江：江苏大学.

张利民，2013. 夏至草多糖的提取、分离纯化及抗氧化活性研究 [D]. 张家口：河北北方学院.

张英涛，等，2004. 松果菊属药用植物的应用基础研究 [J]. 北京大学学报（医学版），1：90-93.

张英涛，刘文芝，艾铁民，2000. 紫花松果菊性状及组织显微鉴别 [J]. 中药材，23（3）：131-133.

张英涛，刘文芝，艾铁民，2001. 狭叶松果菊的形态、性状与显微鉴别研究 [J]. 中草药，32（6）：545-547.

张莹，等，2001. 紫锥菊属药用植物研究进展 [J]. 中草药，32（9）：852-859.

Bauer R., Wagner H., 1991. *Echinacea* species as potential immunostimulatory drugs Econ. Medic [J]. Plant Res，5：253-321.

Binns SE., 2002. Antiviral activity of characterized extracts from *echinacea spp.* (Heliantheae：Asteraceae) against herpes simplex virus (HSV-I) [J]. Planta Med. Sep，68（9）：780-783.

Bonadeo I. , Bottazzi G. , Lavazza M. , 1971. Echinacina B: polisaccaride attivo dell' Echinace [J]. Riv. ital. Essenze Profumi, 53: 281.

Cimino P. , Bifulco G. , Casapullo A. , et al., 2001. Isolation and NMR characterization of rosacelose, a novel sulfated polysaccharide from the sponge Mixylla rosacea [J]. Carbohydrate Research, 334 (1): 39-47.

Coeugniet EG. , 1987. Immunomodulation with Viscum album and *Echinacea purpurea* extracts [J]. Onkologie., 10 (3): 27-33.

Cozzolino R. , Malvagna P. , Spina E. , et al., 2006. Structural analysis of the polysaccharides from Echinacea angustifolia radix [J]. Carbohydrate Polymers, 65 (3): 263-272.

David Eric Kemp MD, Katbleen, Franco MD., 2002. Possible Leukopenia Associated with Long-termUse of *Echinacea* [J]. J Am Board Fam Pract., 15 (5): 417-419.

Freier, K Wright, K Klein, et al., 2003. Enhancement of the humoral immune response by *Echinacea purpurea* in female Swiss mice [J]. Immunopharmacol Immunotoxieol, 25 (4): 551-560.

Ghaemi A. , 2009. *Echinacea purpurea* polysaccharide reduces the latency rate in herpes simplex virus type-1 infections [J]. Intervirology, 52 (1): 29-34.

Hong-Ping H. , Hui-Chun X. , 2013. A study on the extraction and purification process of lily polysaccharide and its anti－tumor effect [J]. African journal of traditional, complementary, and alternative medicines: AJTCAM / African Networks on Ethnomedicines, 10 (6): 485-489.

Jingbo W. , Xiuping L. , Guanglei S., 2013. An Efficient Separation Method of Polysaccharides: Preparation of an Antitumor Polysaccharide APS－2 from Auricularia polytricha by Radial Flow Chromatography [J]. Chromatographia, 76 (11): 629-633.

Jun L. , Lihua Z. , Yingang R. , et al., 2014. Anticancer and immunoregulatory activity of Gynostemma pentaphyllum polysaccharides in H22 tumor-bearing mice [J]. International Journal of Biological Macromolecules, 69: 1-4.

Kacem M. , Simon G. , Leschiera R. , et al., 2015. Antioxidant and anti-inflammatory effects of Ruta chalepensis L. extracts on LPS-stimulated RAW 264. 7 cells [J]. In

Vitro Cellular & Developmental Biology-Animal, 51 (2): 128-141.

Kiho T., Morimoto H., Kobayashi T., et al., 2000. Effect of a Polysaccharide (TAP) from the Fruiting Bodies of Tremella aurantia on Glucose Metabolism in Mouse Liver [J]. Bioscience, Biotechnology, and Biochemistry, 64 (2): 417-419.

Konno C., Hikino H., 1987. Isolation and Hypoglycemic Activity of Panaxans M, N, O and P, Glycans of Panax ginseng Roots [J]. Pharmaceutical Biology, 25 (1): 53-56.

Kumar G., Sudheesh S., Vijayalakshmi N., 1993. Hypoglycaemic effect of Coccinia indica: mechanism of action [J]. Planta medica, 59 (4): 330-332.

Lesley M. Stevenson, Anita Matthias, Linda Banbury, et al., 2005. Modulation of macrophage immune responses by *Echinacea* [J]. Molecules, 10: 1279-1285.

Lina Z., Xi L., Qingjiu T., et al., 2013. Isolation, purification, and immunological activities of a low-molecular-weight polysaccharide from the Lingzhi or Reishi medicinal mushroom Ganoderma lucidum (higher Basidiomycetes) [J]. International journal of medicinal mushrooms, 15 (4): 407-414.

Malinowska E., Krzyczkowski W., Herold F., et al., 2008. Biosynthesis of selenium-containing polysaccharides with antioxidant activity in liquid culture of Hericium erinaceum [J]. Enzyme and Microbial Technology, 44 (5): 334-343.

Mengs U., 1991. Toxicity of *Echinacea purpurea*. Acute, subacute and genotoxicity studies [J]. Arzneimittelforschung, 41 (10): 1076-1081.

Panrham M. J., 1996. Benefit-Risk Assessment of the Squeezed SaP of the Puprle Coneflower (*Echinacea puprurea*) for Long-Term Oral Immunostimulation [J]. Phytomed, 3 (1): 95-102.

PER MØLGAARD, et al., 2003. HPLC Method Validated for the Simµltaneous Analysis of Cichoric Acid and Alkamides in *Echinacea purpurea* Plants and Products [J]. J. Agric. Food Chem, 51: 6922-6933.

Radix Echinacea Purpureae., 1999. WHO monographs on selected medicinal plants [R]. World Health Organization Geneva.

Satoshi Mishima, Kiyoto Saito, Hiroe Maruyam, et al., 2004. Antioxidant and Immuno-Enhancing Effects of *Echinacea purpurea* [J]. Biol. Pharm. Bull, 27 (7): 1004-1009.

Wagner H., 1985. Immunostimulating action of polysaccharides (heteroglycans) from higher plants [J]. Arzneimittelforschung, 35 (7): 1069-1075.

Wagner H., Jurcic K., 1991. Immunologic studies of plant combination preparations. In-vitro and in-vivo studies on the stimulation of phagocytosis [J]. Arzneimittel-forschung, 41 (10): 1072-1076.

Wang W., Zhang P., Hao C., et al., 2011. In vitro inhibitory effect of carrageenan oligosaccharide on influenza A H1N1 virus [J]. Antivir. Res, 92 (2): 237-246.

Xu-Biao Luo, et al., 2003. Simµltaneous analysis of caffeic acid derivatives and alkamides in roots and extracts of *Echinacea purpurea* by high-performance liquid chromatography-photodiode array detection-electrospray mass spectrometry [J]. Journal of Chromatography A, 986: 73-81.

Zhai Z., 2009. *Echinacea* increases arginase activity and has anti-inflammatory properties in RAW 264. 7 macrophage cells, indicative of alternative macrophage activation [J]. Ethnopharmacol, 122 (1): 76-85.

Zhan W., Ji-Nian F., Dong-Ling G., et al., 2001. Chemical characterization and immunological activities of an acidic polysaccharide isolated from the seeds of Cuscuta chinensis Lam [J]. Acta Pharmacologica Sinica, 21 (12): 1136-1140.

附 图

 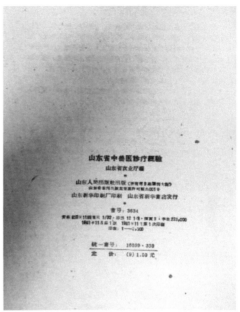

附图2-1 《山东省中兽医诊疗经验》

 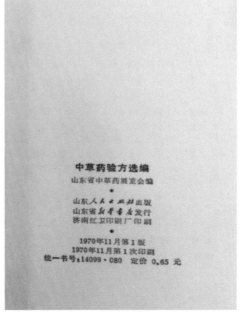

附图2-2 《中草药验方选编》

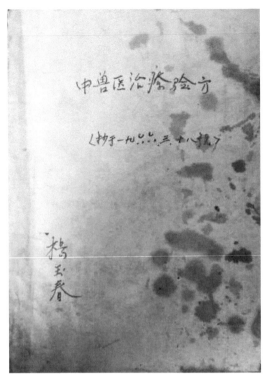

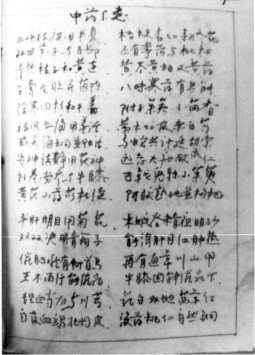

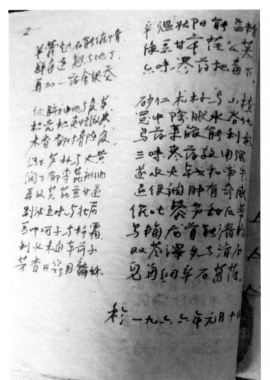

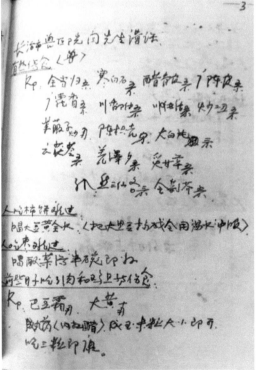

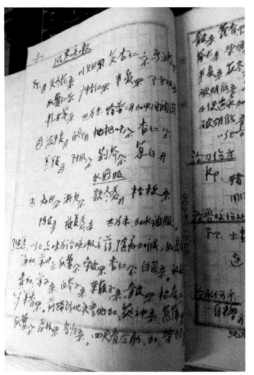
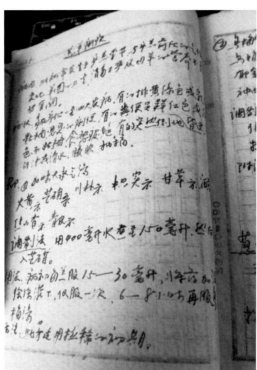

附图2-3 《中兽医治疗验方》手抄本

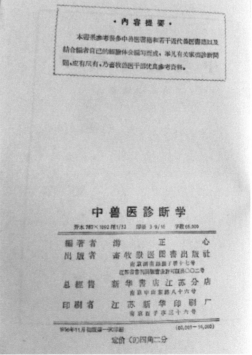

附图2-4 《中兽医诊断学》

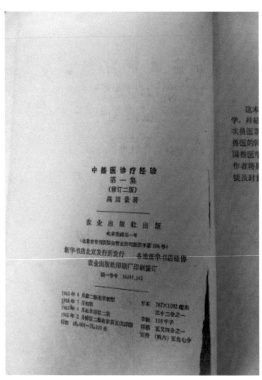

附图2-5 《中兽医诊疗经验》第一集

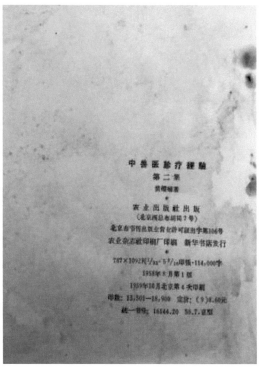

附图2-6 《中兽医诊疗经验》第二集

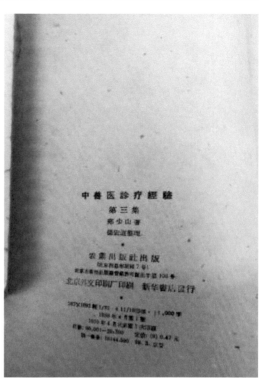

附图2-7　《中兽医诊疗经验》第三集

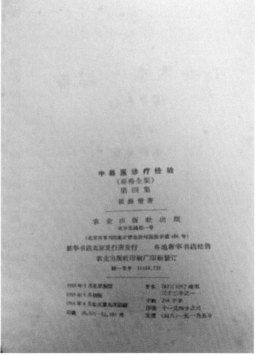

附图2-8　《中兽医诊疗经验》第四集

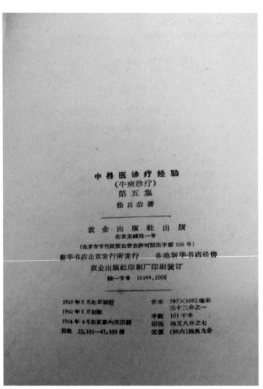

附图2-9　《中兽医诊疗经验》第五集

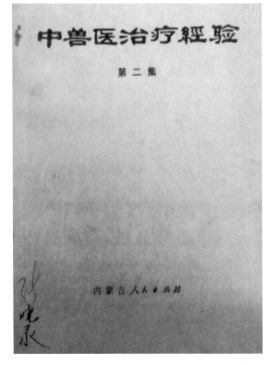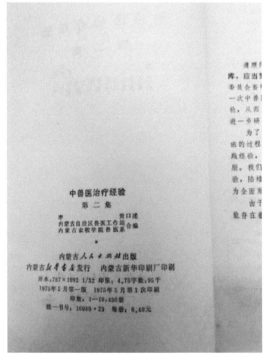

附图2-10　《中兽医治疗经验》第二集

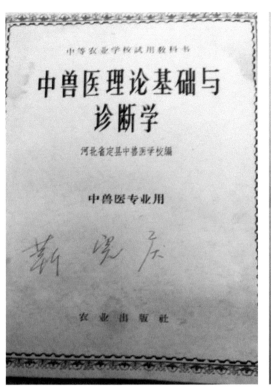
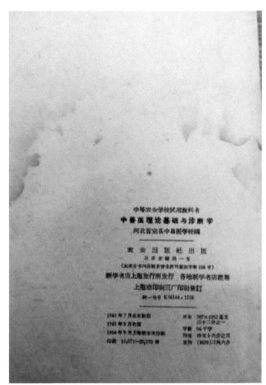

附图2-11　《中兽医理论基础与诊断学》

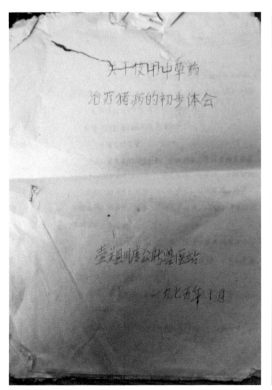
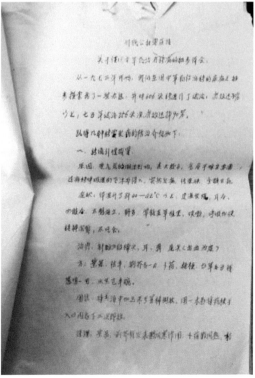

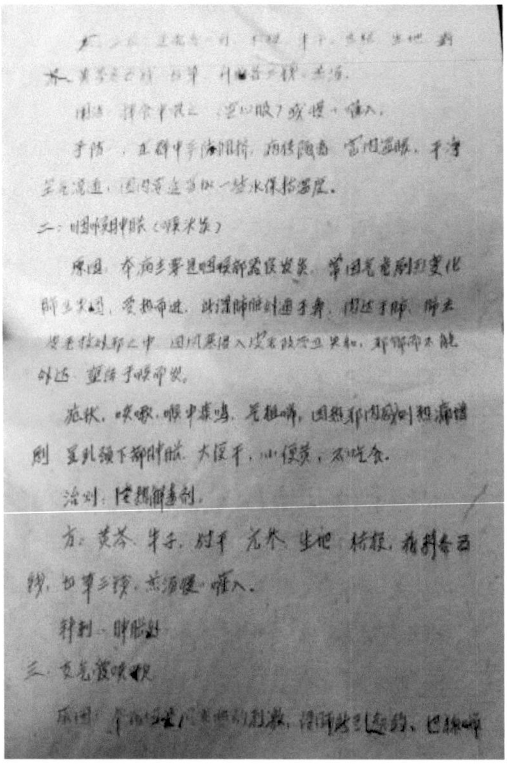

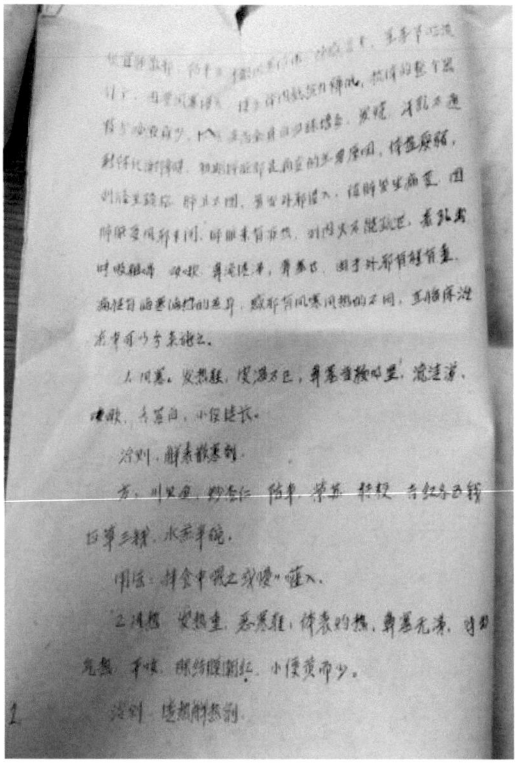

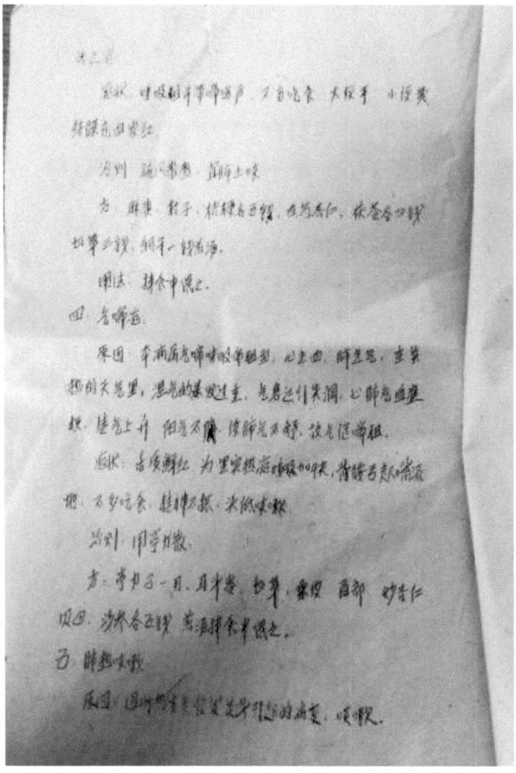

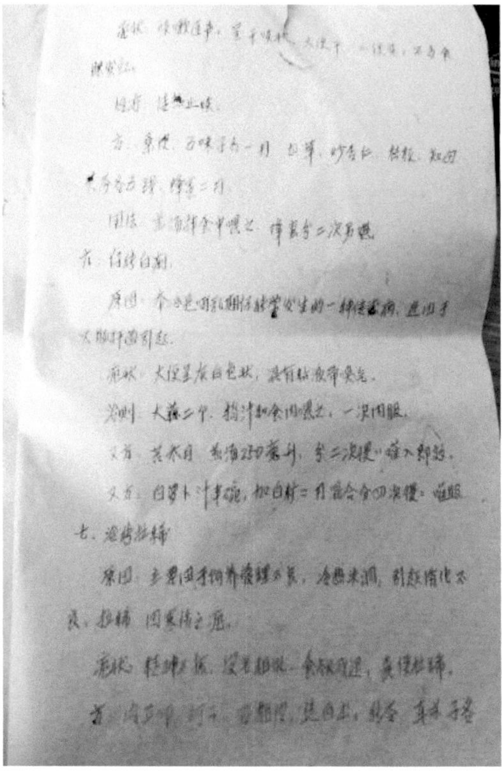

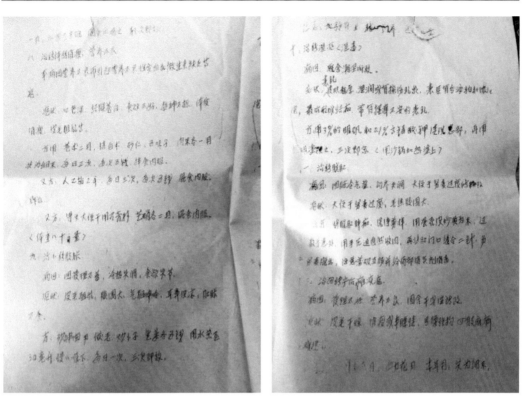

附图2-12　《关于使用中草药治疗猪病的初步体会》印制版

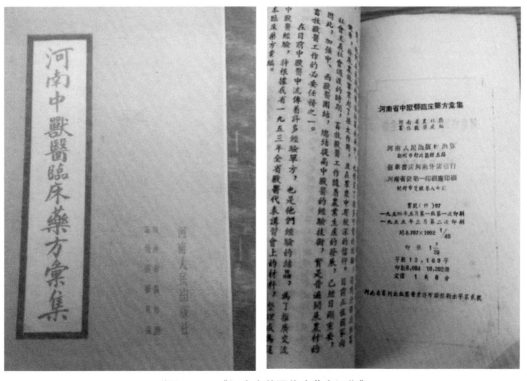

附图2-13　《河南中兽医临床药方汇集》

附图2-14　《兽医常用中草药》

附图2-15　《兽医新疗法及中草药知识和处方汇编》

茵陈（滨蒿 *Artemisia scoparia* Waldst. et Kit. 的干燥标本，采自山东滨州惠民县）

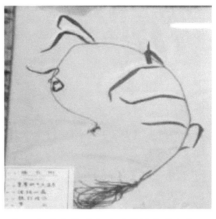

菊花（*Chrysanthemum morifolium* Ramat.
的干燥全株，采自山东济宁嘉祥县）

徐长卿［萝藦科牛皮消属植物徐长卿
Cynanchum paniculatum（Bge.）Kitag.
的全草，采自山东泰安市］

白果［银杏科植物银杏（白果树、公孙树）*Ginkgo biloba* L. 的干燥叶和果实，采自山东郯城］

桔梗［桔梗科植物桔梗*Platycodon grandiflorus*（Jacq.）A. DC. 的干燥全草，采自山东沂源县］

黄芩（唇形科植物黄芩*Scutellaria baicalensis* Georgi的干燥地上部分，采自山东胶南）

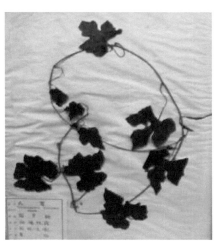

瓜蒌（葫芦科植物栝楼*Trichosanthes kirilowii* Maxim. 的干燥茎叶和干燥成熟果实，采自山东日照莒县）

忍冬藤（忍冬科植物忍冬*Lonicera japonica* Thunb. 的干燥茎枝，采自山东莱阳）

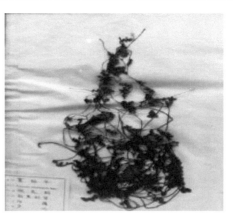

菟丝子（旋花科植物菟丝子*Cuscuta chinensis* Lam. 的干燥全草，采自山东临沂）

山楂（蔷薇科植物山楂*Crataegus pinnatifida* Bge. 的干燥成熟果实，采自山东曲阜）

半夏［天南星科植物半夏*Pinellia ternata* （Thunb.）Breit. 的全草，采自山东莱阳］

白芍（毛茛科植物芍药*Paeonia lactiflora* Pall. 的干燥根，采自山东菏泽）

芡实（睡莲科植物芡*Euryale ferox* Salisb. 的干燥成熟种仁，采自山东菏泽）

牡丹皮（毛茛科植物牡丹*Paeonia suffruticosa* Andr. 的干燥茎叶，采自山东菏泽）

槐花（豆科植物槐*Sophora japonica* L. 的干燥地上部分，采自山东菏泽）

附图2-16　山东道地药材标本

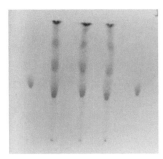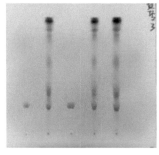

　a　b　c　d　a　　　a　e　a　f　g　　　　a　　b　　c　　d

a：黄芩苷对照品；b：陕西渭南—种植；c：山西运城—种植；d：山东莒县—种植；e：内蒙古赤峰—野生；f：河北承德—野生；g：山东临沂—种植

a：山东淄博赵庄村；b：甘肃平凉；c：内蒙古赤峰土城子村；d：桔梗对照药材

附图3-1　不同产地黄芩药材的鉴别　　　　附图3-2　不同产地桔梗药材的鉴别

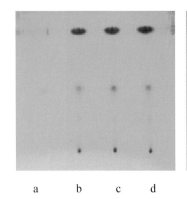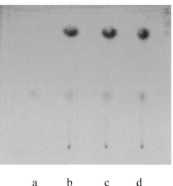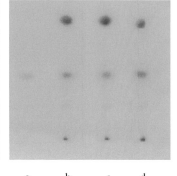

　　a　　b　　c　　d　　　　a　　b　　c　　d　　　　a　　b　　c　　d

a：（R，S）-告依春对照品；b：山东菏泽样品1；c：山东菏泽样品2；d：甘肃陇西样品；e：甘肃岷县样品；f：黑龙江大庆样品；g：河南禹州样品；h：安徽亳州样品；i：内蒙古赤峰样品；j：山东胶南样品

附图3-3　不同产地板蓝根药材的鉴别

附图4-1　15号样品　　　　　附图4-2　16号样品　　　　　附图4-3　17号样品

A. 紫锥菊花期植株及根

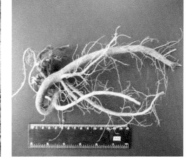

B. 淡紫紫锥菊花期植株及根

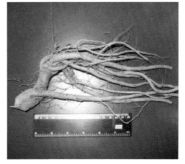

C. 狭叶紫锥菊花期植株及根

附图4-4　三种紫锥菊原植物与根的形态

A. 幼苗期

B. 幼苗期

C. 抽茎期

D. 孕蕾期

F. 盛花期

E. 盛花期

G. 头状花序

附图4-5　紫锥菊

A. 淡紫紫锥菊苗期　　　　　　　　　　B. 狭叶紫锥菊苗期

A. 淡紫紫锥菊孕蕾期　　　　　　　　　B. 狭叶紫锥菊孕蕾期

A. 淡紫紫锥菊盛花期　　　　　　　　　B. 狭叶紫锥菊盛花期

A. 淡紫紫锥菊头状花序　　　　　　　　B. 狭叶紫锥菊头状花

附图4-6　淡紫紫锥菊与狭叶紫锥菊

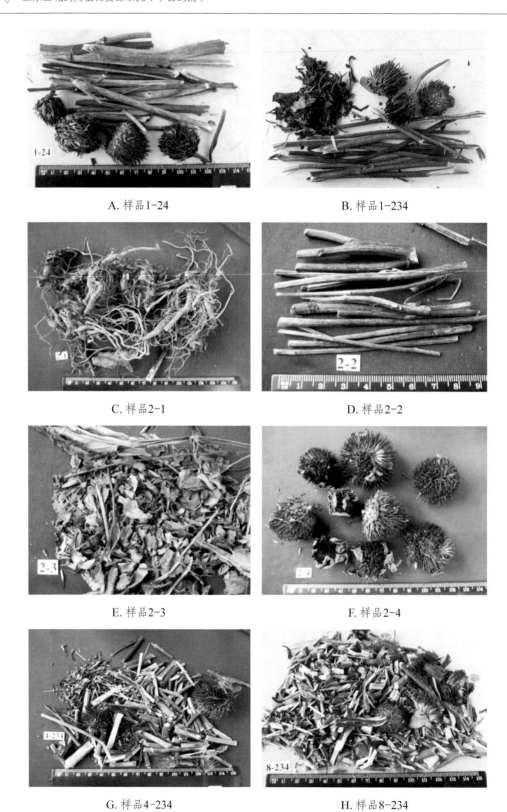

A. 样品1-24

B. 样品1-234

C. 样品2-1

D. 样品2-2

E. 样品2-3

F. 样品2-4

G. 样品4-234

H. 样品8-234

I. 样品9-2

J. 样品9-3

K. 样品9-4

L. 样品11

M. 样品12

N. 样品15

O. 样品16

P. 样品17

附图4-7　紫锥菊部分药材

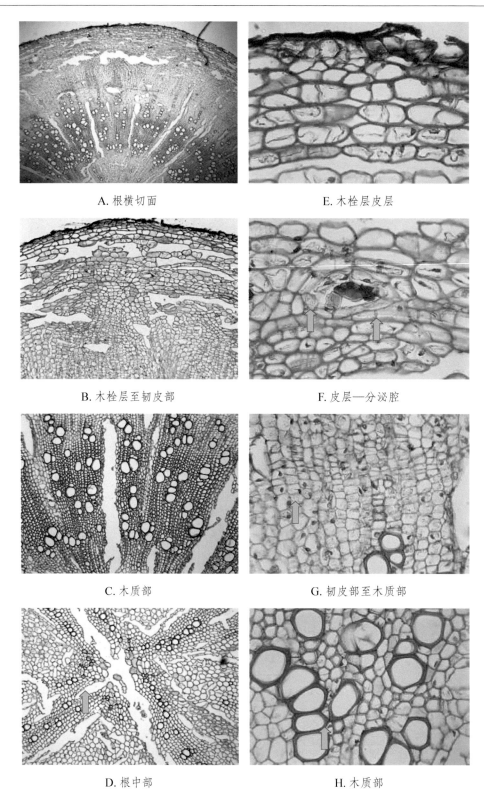

A. 根横切面

E. 木栓层皮层

B. 木栓层至韧皮部

F. 皮层—分泌腔

C. 木质部

G. 韧皮部至木质部

D. 根中部

H. 木质部

附图4-8　紫锥菊根横切面组织构造

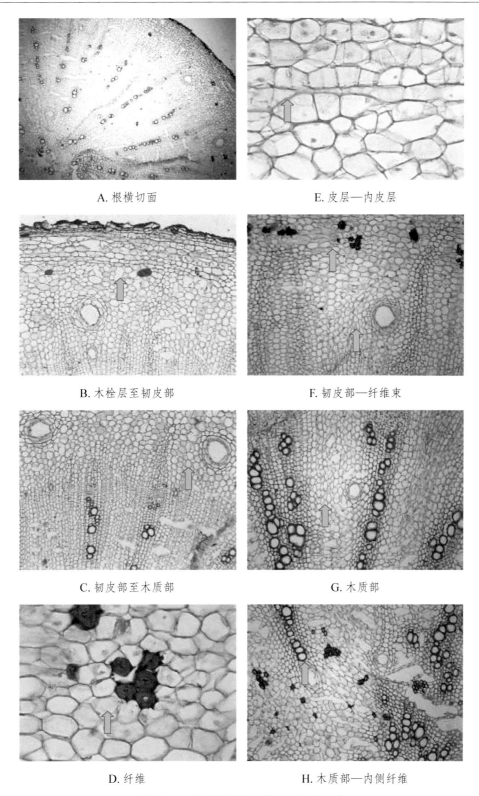

A. 根横切面

E. 皮层—内皮层

B. 木栓层至韧皮部

F. 韧皮部—纤维束

C. 韧皮部至木质部

G. 木质部

D. 纤维

H. 木质部—内侧纤维

附图4-9　淡紫紫锥菊根横切面组织构造

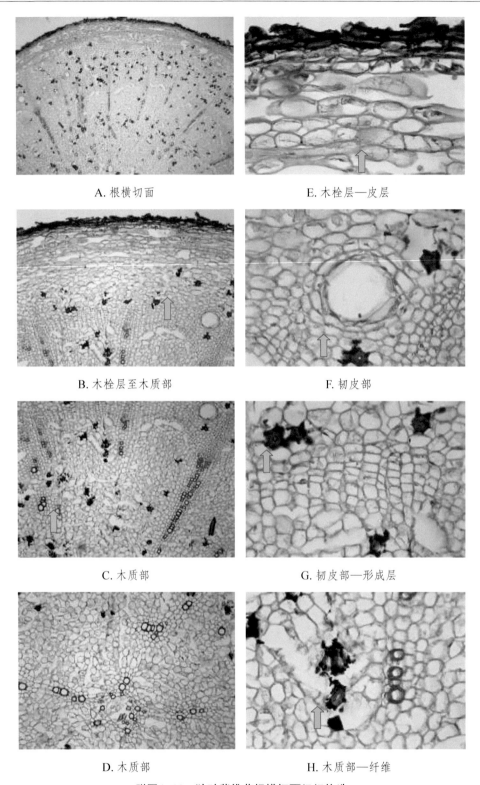

A. 根横切面　　　　　　　E. 木栓层—皮层

B. 木栓层至木质部　　　　F. 韧皮部

C. 木质部　　　　　　　　G. 韧皮部—形成层

D. 木质部　　　　　　　　H. 木质部—纤维

附图4-10　狭叶紫锥菊根横切面组织构造

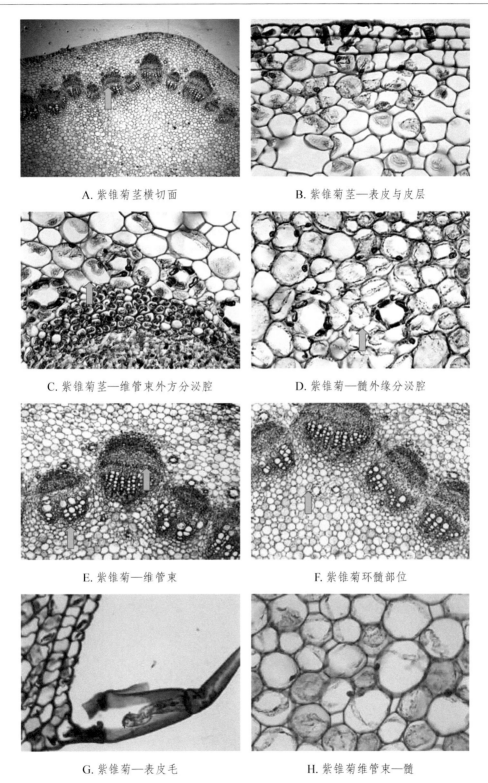

A. 紫锥菊茎横切面

B. 紫锥菊茎—表皮与皮层

C. 紫锥菊茎—维管束外方分泌腔

D. 紫锥菊—髓外缘分泌腔

E. 紫锥菊—维管束

F. 紫锥菊环髓部位

G. 紫锥菊—表皮毛

H. 紫锥菊维管束—髓

附图4-11 紫锥菊茎横切面组织构造

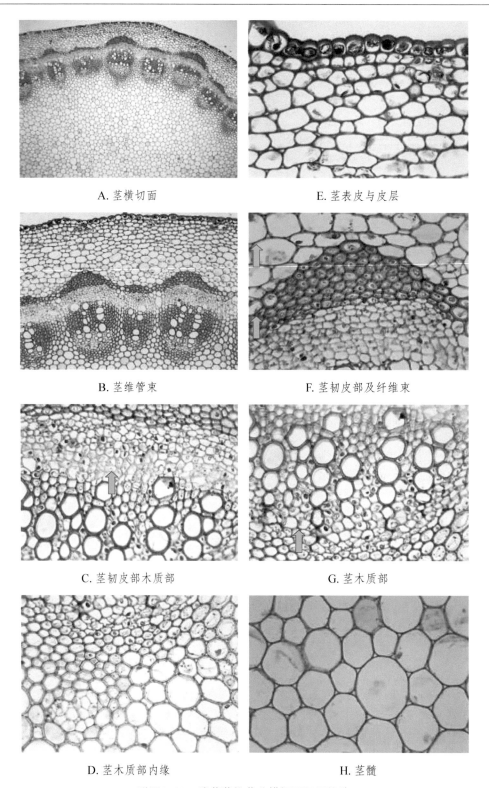

A. 茎横切面

E. 茎表皮与皮层

B. 茎维管束

F. 茎韧皮部及纤维束

C. 茎韧皮部木质部

G. 茎木质部

D. 茎木质部内缘

H. 茎髓

附图4-12　淡紫紫锥菊茎横切面组织构造

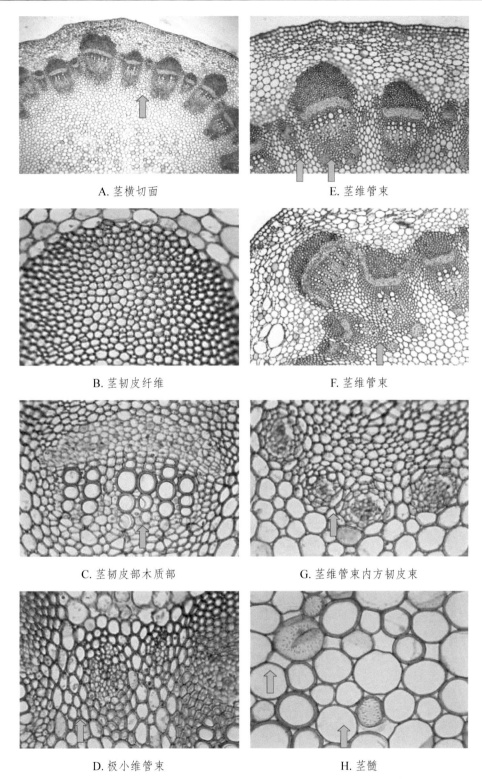

A. 茎横切面

E. 茎维管束

B. 茎韧皮纤维

F. 茎维管束

C. 茎韧皮部木质部

G. 茎维管束内方韧皮束

D. 极小维管束

H. 茎髓

附图4-13　狭叶紫锥菊茎横切面组织构造

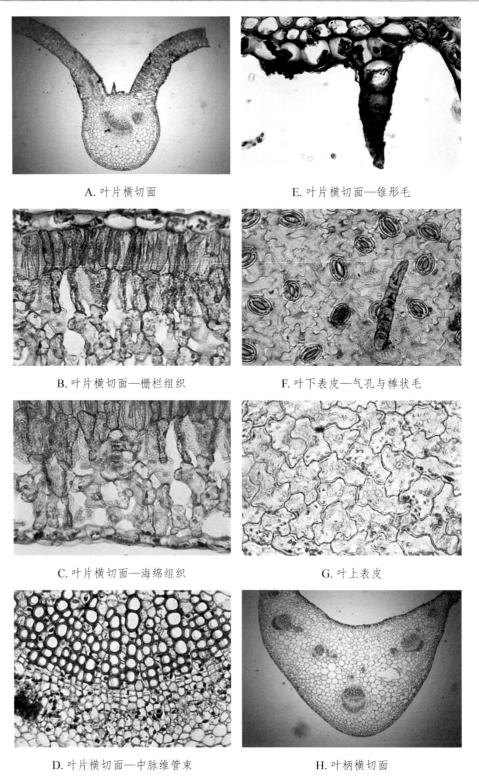

A. 叶片横切面

E. 叶片横切面—锥形毛

B. 叶片横切面—栅栏组织

F. 叶下表皮—气孔与棒状毛

C. 叶片横切面—海绵组织

G. 叶上表皮

D. 叶片横切面—中脉维管束

H. 叶柄横切面

附图4-14 紫锥菊叶横切面组织构造

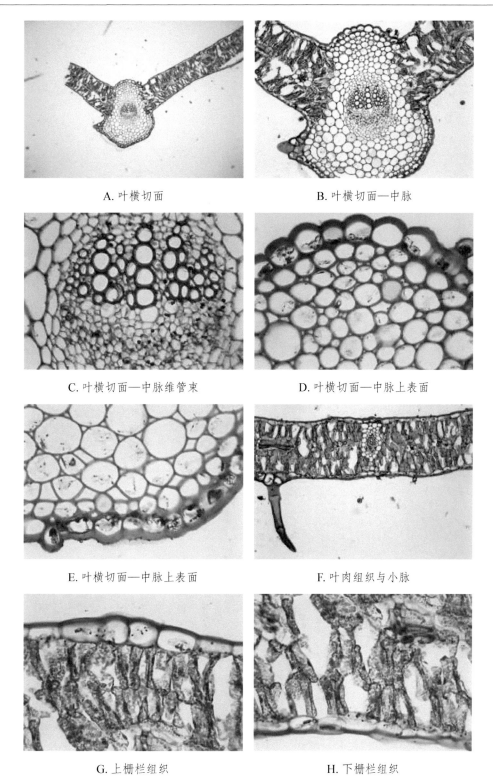

A. 叶横切面

B. 叶横切面—中脉

C. 叶横切面—中脉维管束

D. 叶横切面—中脉上表面

E. 叶横切面—中脉上表面

F. 叶肉组织与小脉

G. 上栅栏组织

H. 下栅栏组织

附图4-15　淡紫紫锥菊叶横切面组织构造

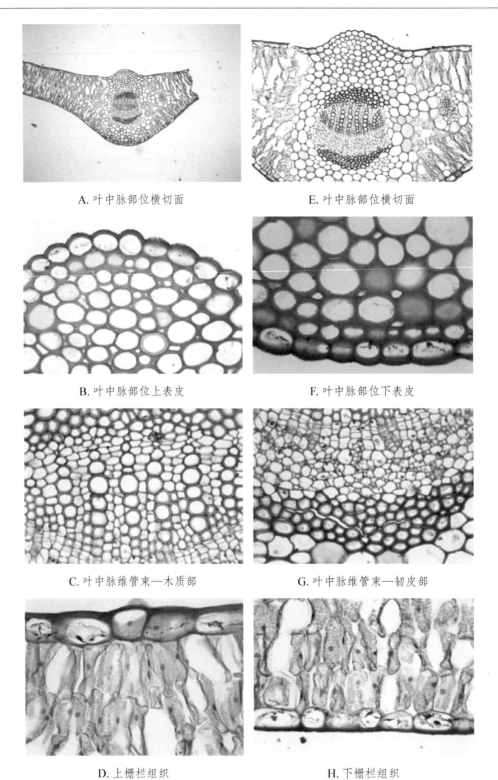

A. 叶中脉部位横切面

E. 叶中脉部位横切面

B. 叶中脉部位上表皮

F. 叶中脉部位下表皮

C. 叶中脉维管束—木质部

G. 叶中脉维管束—韧皮部

D. 上栅栏组织

H. 下栅栏组织

附图4-16　狭叶紫锥菊叶横切面组织构造

a b c d e f g h i j

a：葡聚糖阳性对照；b：阴性对照；c：未加苯酚试剂的药材；d：批号为2-234的药材；
e：批号为4-234的药材；f：批号为5-24的药材；g：进口对照药材；h：批号为8-234的药材；
i：批号为9-234的药材；j：批号为12-234的药材

附图4-17-1 硫酸-苯酚法（多糖鉴别反应）

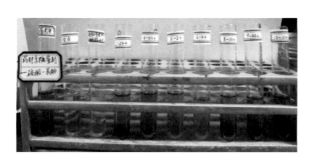

a b c d e f g h i j

a：阳性对照；b：阴性对照；c：未加蒽酮试剂的药材；d：批号为2-234的药材；
e：批号为4-234的药材；f：批号为5-24的药材；g：进口对照药材；h：批号为8-234的药材；
i：批号为9-234的药材；j：批号为12-234的药材

附图4-17-2 硫酸-蒽酮法（多糖鉴别反应）

a b c d e f g h i j

a：葡聚糖阳性对照；b：阴性对照；c：未加α-萘酚试剂的药材；d：批号为2-234的药材；
e：批号为4-234的药材；f：批号为5-24的药材；g：进口对照药材；h：批号为8-234的药材；
i：批号为9-234的药材；j：批号为12-234的药材

附图4-17-3 α-萘酚法（多糖鉴别反应）

a: 菊苣酸阳性对照；b: 阴性对照；c: 未加FeCl₃试剂的药材；d: 批号为2-234的药材；
e: 批号为4-234的药材；f: 批号为5-24的药材；g: 进口对照药材；h: 批号为8-234的药材；
i: 批号为9-234的药材；j: 批号为12-234的药材

附图4-18-1　FeCl₃法（咖啡酸衍生物）

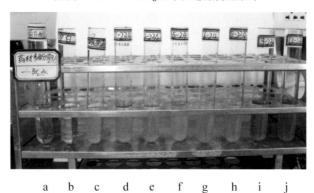

a: 菊苣酸阳性对照；b: 阴性对照；c: 未加Br₂试剂的药材；d: 批号为2-234的药材；
e: 批号为4-234的药材；f: 批号为5-24的药材；g: 进口对照药材；h: 批号为8-234的药材；
i: 批号为9-234的药材；j: 批号为12-234的药材

附图4-18-2　Br₂水法（咖啡酸衍生物）

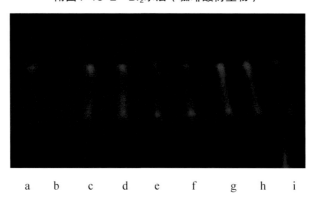

a: 菊苣酸；b: 空白；c: 批号为2-234的药材；d: 批号为4-234的药材；e: 批号为5-24的药材；
f: 批号为8-234的药材；g: 进口对照药材；h: 批号为9-234的药材；i: 批号为12-234的药材

附图4-19　薄层鉴别（菊苣酸鉴别）

花前期　　　　　　　　　　盛花期

花后期　　　　　　　　　　干枯期

附图4-20　不同生长时期紫锥菊情况

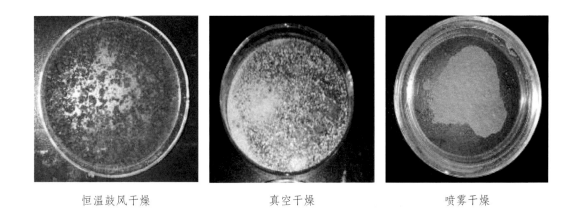

恒温鼓风干燥　　　　　真空干燥　　　　　喷雾干燥

附图4-21　3种不同干燥方法得到的紫锥菊多糖形态

空白组

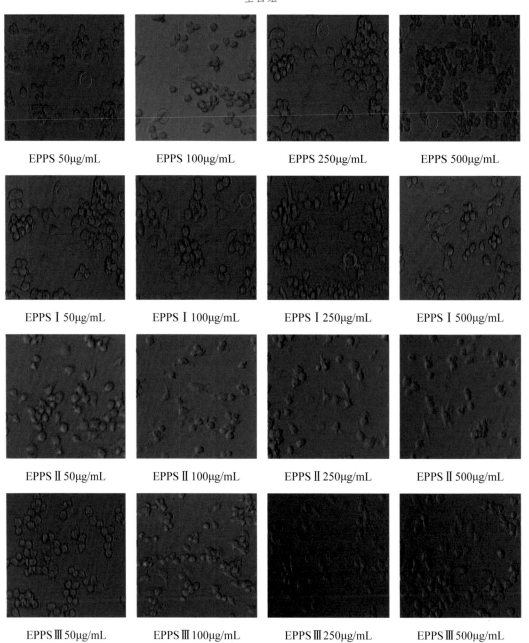

| EPPS 50μg/mL | EPPS 100μg/mL | EPPS 250μg/mL | EPPS 500μg/mL |

| EPPS Ⅰ 50μg/mL | EPPS Ⅰ 100μg/mL | EPPS Ⅰ 250μg/mL | EPPS Ⅰ 500μg/mL |

| EPPS Ⅱ 50μg/mL | EPPS Ⅱ 100μg/mL | EPPS Ⅱ 250μg/mL | EPPS Ⅱ 500μg/mL |

| EPPS Ⅲ 50μg/mL | EPPS Ⅲ 100μg/mL | EPPS Ⅲ 250μg/mL | EPPS Ⅲ 500μg/mL |

附图4-22　不同浓度EPPS、EPPS Ⅰ、EPPS Ⅱ及EPPS Ⅲ对RAW264.7细胞形态学影响